잘먹고 잘사는 법

웨딩 플래너

잘먹고 잘사는 법 **웨딩 플래너**

저자_ 김정희
기획_ comma' n dot

1판 1쇄 인쇄_ 2006. 9. 18
1판 1쇄 발행_ 2006. 9. 25

발행처_ 김영사
발행인_ 박은주

등록번호_ 제406-2003-036호
등록일자_ 1979. 5. 17

경기도 파주시 교하읍 문발리 출판단지 515-1 우편번호 413-834
마케팅부 031)955-3100, 편집부 031)955-3250, 팩시밀리 031)955-3111

값은 표지에 있습니다.
ISBN 89-349-2318-0 14590
        89-349-1604-4(세트)

독자의견 전화_ 031)955-3104
홈페이지_ http://www.gimmyoung.com
이메일_ bestbook@gimmyoung.com

좋은 독자가 좋은 책을 만듭니다.
김영사는 독자 여러분의 의견에 항상 귀 기울이고 있습니다.

wedding
planner

잘먹고 잘사는 법

웨딩 플래너

092

김영사

김영사 〈잘먹고 잘사는 법〉 시리즈

잘먹고 잘살기 위한
웰빙 문화의 모든 것!

한국인에게 꼭 맞는 국내 최초 종합 실용 시리즈!

시리즈의 모든 내용은 국내 필자가 직접 발로 뛰며 기록한 것이다. 지금 이 시대를 살아가는 사람들의 관심사를 생생하게 조명한 우리 손으로 만든 최초의 종합 실용 시리즈이다.

한번뿐인 인생, 멋지게 살자!

보는 눈이 달라진다. 삶의 질이 올라간다. 건강한 삶, 행복한 삶을 꿈꾸는 나만의 생활 철학. 애완견 기르기에서 마라톤까지, 전원주택 꾸미기에서 아파트 인테리어까지 내가 꿈꾸는 라이프스타일의 모든 것!

101가지 항목으로 정리한 내가 꼭 알아야 할 전문 지식!

모든 것이 급변하는 세계화시대, 현대인이 꼭 알아야 할 모든 지식을 101가지 이야기로 구성했다. 101가지의 궁금증을 따라가다 보면 나도 어느새 웰빙 문화 전문가로 변신한다.

이보다 더 실용적일 순 없다!

나에게 맞는 라이프스타일을 찾을 수 있는 가장 간편한 책! 실생활에서 당장 유용하게 써먹을 수 있는 방법과 정보만을 콕 집어 알려준다.

기획 기간 5년, 편집 기간 3년

▶건강

세계화시대 지구인들이 선호하는 최신 스타일의 건강 비법만을 모아 명쾌하게 정리했다. 건강하게 장수하기 위한 나만의 건강세! 내 몸에 맞는 건강 철학을 찾는다.

▶취미

동물과 행복하게 지내는 재미난 방법에서부터 특색 있는 취미 찾기까지, 즐거운 일상생활을 위한 모든 정보를 모았다. 나만의 개성 있는 취미를 찾기 위한 가장 간편한 책!

▶리빙

좀더 편하고 좀더 세련되게 내 삶을 연출하는 방법. 삶의 수준을 한단계 높여주는 지혜와 정보, 나만의 개성 넘치는 생활공간 꾸미기의 모든 것이 펼쳐진다!

그 어떤 것도 내 인생보다 값진 것은 없다! 건강, 취미, 운동, 리빙 등 잘먹고 잘살기 위해 필요한 모든 문화 트렌드를 담았다. 나만의 안정된 삶을 꿈꿀 수 있도록 도와주는 최상의 가이드북.

올컬러로 구성된 고품격 디자인!

100여 컷의 생생한 사진과 일러스트! 컬러 감각이 톡톡 살아나는 아트지! 한눈에 책 전체를 조망할 수 있도록 꾸며진 세련된 본문 편집이 내가 찾던 스타일 감각과 딱 맞아떨어진다.

핸드백 속에 쏘옥, 장바구니 속에 쏘옥!

언제 어디서든 부담 없이 읽을 수 있는 핸드북 스타일의 예쁜 판형. 이젠 부엌에서, 지하철에서, 슈퍼마켓에서, 공원에서, 차안에서 언제 어디서든 쉽고, 편하게 꺼내 읽을 수 있다.

가격 파괴! 한 권에 5,900원!

독자의 눈높이에 맞춘 합리적인 가격! 그러나 내용은 웬만한 단행본 10권 값! 아무리 다른 책을 찾아봐도 알 수 없던 내용, 이젠 알찬 가격의 책으로 손쉽게 찾는다.

내가 꿈꾸는 라이프스타일, 이 한 권이면 충분하다!

작은 책 한 권에 백과사전보다 더 많은 정보가 담겨 있다니! 이 한 권이면 내가 꼭 알아야 할 실용적인 정보와 지식을 한꺼번에 얻을 수 있다.

마침내 태어난 신개념 실용서

▶여성

이 땅에서 아름답고 현명한 여성으로 살아가기 위한 최상의 선택! 이젠 나만의 일, 나만의 라이프스타일을 포기하지 않고 더 쉽고 더 지혜롭게 내 삶을 꾸민다.

▶여행

한라에서 서울까지 우리나라 최고 여행지는 다 모였다. 여기에 세계 여행과 테마 여행까지! 지금까지 그 어디에서도 찾아볼 수 없었던 나만의 맞춤 여행법을 제시한다.

▶음식

한국인의 밥상에 올라오는 기본 음식과 우리에게 친숙한 다른 나라 음식을 소재별로 정리했다. 전문가들이 자신 있게 추천하는 요리법을 통해 나도 이젠 멋진 요리사가 된다.

웨딩 플래너

결혼 준비의 핵심,
플래닝과 셀렉션

결혼은 쉽지만, 결혼 준비는 결코 쉽지 않다. 최대한 간단하게 치른다고 다짐해도 구체적인 준비 과정으로 들어가면 할까 말까, 이것이 좋을까 저것이 좋을까. 싼가 비싼가를 수십 번씩 저울질한다. 인생 최대의 이벤트며 쇼핑 기회가 되는 결혼을 앞두고, 머릿속이 복잡해지고 생각이 많아지는 것은 어쩌면 당연한 일일 것이다. 또한 어느 한 커플 똑같은 상황이 없을 만큼 '개별적'인 것이 결혼이기에 어려움은 더욱 커진다. 예단이며 함, 폐백과 이바지 등 어른들과 연관되어 진행되는 '형식'들은 또 얼마나 신경 쓰이는 일인가.

하지만 예전에 비해 인터넷을 통한 정보 공유와 웨딩컨설턴트의 등장으로 결혼 준비가 조금은 수월해진 것도 사실이다. 직접 발품을 팔지 않더라도 상품을 선택할 수 있고, 경험자들과 전문가들의 평가와 조언을 쉽게 접할 수 있기 때문이다.

돈 문제나 의견 충돌 등 갈등의 여지가 많은 결혼 준비에 있어 무엇보다 중요한 것은 '어떻게 결혼을 준비할 것인가'에 대한 명확한 방향을 세우는 일이다. 결혼과 결혼 준비에 관한 가이드라인을 제시한 이 책은 플래닝과 셀렉션에 초점을 맞추고 있다.

객관적인 토대 위에 세워진 계획과 만족스러운 상품 선택이 결합되면 결혼 준비의 90%는 끝났다고 해도 과언이 아니다. 이 책에서는 전체 예산 짜는 법, 각 항목별 예산 분배법과 더불어 결혼 날짜를 잡은 순간부터 결혼 후까지 순서대로 해야 할 일을 꼼꼼하게 소개하고 있다. 또한 신혼집부터 예식장, 청첩장에 이르기까지 각 항목별로 선택의 가이드라인을 제안해 주어 보다 만족스럽게 결혼 준비를 끝낼 수 있도록 도와준다. 객관적인 정보와 더불어 신랑신부들이 관심 있게 보았으면 하는 내용은 새롭게 변화되는 웨딩 트렌드다. 또 한 가지! 상대방에 대한 배려와 정성은 결혼 준비를 행복하게 만들어주는 원동력임을 기억하길 바란다.

c o n t e n t s

웨딩 플래너

wedding
planner

wedding
planner

결혼의 의미 & 트렌드

어떤 스타일의 웨딩드레스를 입을지, 허니문은 어디로 떠날지를 결정하는 것보다 더 중요한 문제는 당신의 '결혼' 그 자체다. 독립적인 남자와 여자가 만나 한 가정을 꾸리는 일이 얼마나 가치 있는 일인지를 인지한다면, 결혼을 준비하면서 겪는 모든 트러블이 사소하게만 여겨질 것이다. 혼인이라 불리는 결혼의 본연의 의미를 되짚어보고 구조적인 측면에서의 결혼 관련 문제들을 짚어본다.

O1 결혼이 아닌 혼인

일반적으로 결혼이라는 말이 사용되지만, 우리나라의 헌법이나 민법 등 모든 법률에서는 결혼이라는 말 대신 혼인이라고 쓰고 있다. 혼인이란 남자와 여자가 만나 부부가 되는 일을 말한다. 혼(婚)은 '장가간다'는 뜻이고, 인(姻)은

'시집간다'는 의미를 담고 있다. 말 그대로 시집가고 장가간다는 뜻으로, 남자와 여자가 치우침이 없이 모여 하나의 가정을 꾸린다는 의미를 담고 있다. 집안과 집안의 결합을 강조하는 것으로 생각되었던 전통적 의미의 '혼인'이라는 말이 개인과 개인의 독립적인 결합을 뜻하고 있는 것이다.

부부가 되고, 나아가 부모가 되는 인생의 절차인 혼인을 준비하면서, 사람들은 수많은 갈등과 스트레스를 경험하기도 한다. 혼인이라는 말 대신 남자가 '장가들다'라는 의미만 있는 결혼이라는 말이 자연스럽게 사용되듯이, 의미를 담고 진행되었던 전통적인 절차들은 형식으로 남아 왜곡되고, 편리성만을 강조한 결혼식 절차는 더없이 가벼워졌기 때문이다.

신부 집에서 첫날밤을 치렀던 합궁례나 혼인 당일 아침 부모님의 은혜에 감사의 뜻을 표했던 초자례나 초녀례와 같은 절차는 행하지 못하더라도, 독립적인 결합을 뜻하는 혼인의 의미만큼은 되새겨봄직하다.

O2 결혼은 축제다

예전에 결혼은 집안 경사이기에 앞서 동네 잔치였다. 결혼 전 신부 집에서 푸짐

하게 잔치를 벌였고, 이후 신부가 신행을 가며 준비해 간 이바지 음식을 풀어 모든 사람을 대접했다. 결혼식 며칠 전부터 동네 아낙들이 모여 전을 지지고, 떡을 만들고, 고기를 삶았다. 다식을 만들고, 나물을 무치고, 그리고 그 음식들은 잔치상에 펼쳐졌으며, 혼례날은 온 동네 사람들이 모여 결혼을 축하하면서 먹고 마시는 축제로 변신했다. 요즘은 결혼식장에 피로연장이 따로 마련되고, 음식 역시 예식장에서 모두 준비한다. 그러다보니 함께 음식을 준비하는 모습도, 남은 음식을 싸주며 정을 나누는 풍경도 사라진 지 오래다.

하지만 결혼식에 하객들을 초대하고, 그들에게 음식을 대접하는 마음만은 예전 그대로다. 특히 요즘은 결혼을 진정으로 축하해 주는 사람만을 하객으로 초대하고, 예식이 끝난 후에도 하객들과 함께 시간을 즐길 수 있는 평일 오후 예식이 인기를 모으면서, 축제 같던 결혼의 의미가 되살아나고 있다. 오랜만에 만나는 친척과 친지, 친구들과 시간에 쫓기지 않고 환담을 나누고 음식을 나눌 수 있어 주중 예식을 선호하는 사람들도 늘고 있는 추세다. 아직 대중적이진 않지만 실제 파티 예식도 성행한다. 레스토랑이나 전문 하우스 웨딩 공간도 파티 같은 결혼을 연출하기에 그만이다.

03 결혼의 주체는 '나'

앞서 이야기했듯, 혼인이란 여자와 남자의 독립적인 결합을 통해 가정을 꾸린다는 의미를 담고 있다. 결혼의 주체는 바로 '나'임을 강조한다. 하지만 사회인으로서 독립성을 갖춘 성인 여자와 남자임에도 불구하고 결혼 문제에 관련해서는 부모에게 결정권을 넘기는 경우가 많다. 조언 차원이 아니라 강제성 있는 부모의 의견 때문에 예비 부부간에 불화를 겪는 경우도 빈번하다. 예단이나 예물 등 형식이나 절차를 간소화하고 싶은 자녀들의 의사는 부모로부터 질책의 대상이 되기도 하고, 상대 집안의 형편을 배려하지 않는 어른들의 이기심은 종종 감정싸움으로까지 비화되기도 한다.

물론 결혼에서 부모의 역할은 아주 중요하다. 더구나 아직도 자녀들의 결혼 비용의 50% 이상을 부담하는 입장 – 2005년 보건복지부 설문, 결혼 비용 1억 3,000여만 원 중 부모 지원 7,200여만 원 – 에서 요구사항과 기대치는 높아질 수밖에 없을 것이다. 또한 하객들의 대부분을 부모의 손님으로 채워야 하는 현실도 부모의 적극적인 개입을 유도하는 원인이 된다.

하지만 자녀 결혼에 있어 부모의 역할은 조언자이며, 조력자이련 충분하지 않을까. 자녀의 행복을 바라는 마음에서 시작된 적극적이고 지나친 개입은 오히려 자녀를 불행하게 만들 수도 있기 때문이다. 결혼 당사자들 역시 결혼 준비에 있어 부모님들과 의견이 다를 경우 그들을 적극적으로 설득하고 이해시키는 노

웨딩 레지스트리 |Bridal Registry|

미국과 유럽, 일본에서는 일반화되어 있는 제도. 축의금대신 신혼생활에 필요한 물품을 신랑신부가 미리 선접하면 친구, 친지득이 선물하는 새로운 개념의 선물 문화다. 그동안은 받고 싶은 아이템을 직접 알려준 후 선물로 받는 것이 일반적이었지만 요즘은 백화점 홈페이지에 받고 싶은 선불 리스트를 등록하면 친구나 친지들이 구입해 주는 실질적인 방법이 시행되고 있다.

력을 해야 한다. 결혼 후의 생활은 부모로부터의 완전 독립이다. 그 과정이 바로 결혼식임을 부모나, 결혼 당사자 모두 잊지 말기를.

04 결혼 비용

'돈'처럼 현실적인 것은 없다. 아무리 사랑이 중요하고 소중하다지만 막대한 결혼 비용 앞에서 웬만한 형편의 사람들은 한숨부터 나올 테니 말이다. 2005년 결혼한 신혼부부 300쌍을 대상으로 한 보건복지부의 결혼 비용 설문조사 결과에 따르면, 결혼하는 데 드는 비용이 1억 3,000여만 원이다. 그 중 신혼집을 마련하는 데 비는 비용이 8,500여만 원. 지역에 따라 부동산 시세가 다르다는 것을 감안해도 1억여 원의 돈은 있어야 결혼식을 치를 수 있다는 얘기다.

전체 1억 3,000여만 원 중, 신랑 측 부담이 9,600여만 원. 신랑 측의 경우 신혼집 마련 비용을 제외하면 1,000만 원 정도를 사용한다. 신랑은 신부 측 예복과 예물 구입비, 신혼여행비 등에 대부분의 비용을 지출한다. 신부 측은 결혼 준비에 3,300여만 원을 지출한다. 예단을 보내는 데 평균 840만 원을 사용하고 예물 비용으로 720만 원을 사용, 전체 결혼 비용의 40% 이상을 예단, 예물에 사용함을 알 수 있다. 설문 응답자의 92%는 예단과 예물을 보냈다고 응답했다.

신랑 측의 경우 막대한 비용이 들어가는 신혼집에 돈을 집중하는 반면, 신부 측은 혼수 준비와 예단과 같은 결혼 절차, 예식을 위한 비용 등에 골고루 비용을 사용한다. 물론, 이만큼의 돈이 꼭 있어야 결혼을 올리는 것은 아니다. 그만한 돈이 없다고 해서 좌절할 필요도 없다. 설문 응답자들도 1억 3,000여만 원 중

7,000만 원 이상은 부모나 가족들로부터 도움을 받은 것이며, 또 얼마간의 은행 빚을 지고 결혼 준비를 했으니 말이다.

05 연애결혼 vs. 중매결혼

결혼으로 사랑이 완성되는 것이 연애결혼이라면, 결혼과 동시에 사랑이 시작되는 것이 중매결혼이 아닐까 싶다. 어떤 형태가 더 좋고 나쁘다라고 말할 수 없지만, 결혼 준비에 있어 분명한 차이를 보이는 것은 사실이다. 중매결혼은 감정보다는 객관적인 평가를 기준으로 합의하에 이루어지는 결혼이니만큼 연애결혼보다 형식적인 것만은 틀림없다. 좋게 이야기하면 격식을 따진다고 해도 무방할 것이다. 상대방에 대한 가치를 제품이나 돈으로 전달할 수밖에 없기 때문에 절차들을 중요시하는 경향이 짙다. 기대치에 서로 부합할 경우 자잘한 트러블 없이 수월하게 결혼을 진행하는 경우가 대부분이다. 하지만 결혼 당사자들이 의견 조율자로서의 역할을 제대로 수행할 수 없기 때문에 양가 사이에 트러블이 생길 경우 관계가 크게 악화되는 경우도 있다.

연애결혼은 관계에 있어 보다 자유롭다. 신부와 신랑뿐 아니라, 며느리와 시어머니, 장모와 사위가 사전 왕래를 통해 친분을 쌓았기 때문에 서로의 형편을 가늠하고 배려하기가 한결 수월해진다. 결혼 당사자들은 양가의 의견 조율자로서의 역할을 충실히 하며 어떤 사안에 대해 합의를 이루어내기 수월한 편이다. 하지만 상대방의 정확한 의사를 알지 못한 채 '이 정도는 괜찮겠지', '날 이해해 줄 거야'라는 막연한 생각으로 일을 진행하다 감정이 악화되는 경우도 있다. 이

해하고 믿고 사랑하기 때문에 좋지만, 그만큼 서로를 먼저 배려하고 존중해야 탈이 없는 것이 연애결혼이다.

06 달라지는 新 결혼 문화

주례 문화 | 결혼식 주례는 대부분 고등학교나 대학 때 은사님에게 맡겨진다. 부모님이 아는 분들 중에 사회 저명인사가 있을 때는 생각의 여지없이 그분에게 주례를 부탁드리게 된다. 신랑신부와 일면식도 없는 상태에서 말이다. 양가와는 전혀 상관도 없는 전문 주례사를 초빙하는 경우도 있다. 하지만 최근에는 이러한 형식적인 주례에서 탈피하려는 경향을 보인다. 신랑신부를 가장 잘 아는 주변 사람에게 주례를 부탁하거나, 신랑의 아버지나 신부의 아버지, 아니면 두 분이 동시에 주례를 보는 경우도 있다. 진심 어린 마음이 담긴 가장 가까운 이의 주례는 하객들을 감동시키기에도 충분하다.

신랑신부 동시 입장 | 아버지의 손을 잡고 입장한 후 신랑에게 인도되는 모습이 익숙한 것이 사실이다. 신랑신부가 나란히 결혼식장으로 입장하는 모습은 아직도 왠지 서투르고 어설퍼 보인다. 하지만 서로가 새로운 가정을 꾸려나갈 동반자임

을 나타내는 젊은 세대들의 합리적인 사고방식의 표현이라는 인식이 퍼지면서 동시 입장이 늘고 있다.

평일 결혼식 | 북적이는 주말 결혼식을 피해 평일 결혼식을 진행하는 커플도 늘고 있다. 평일 예식의 최대 장점은 결혼식 비용을 20~30% 이상 줄일 수 있다는 것. 여기에 부대시설도 여유롭게 이용할 수 있다. 평일 저녁의 경우 한 커플만 식장을 이용하므로 시

간 제약 없이 둘만의 이벤트를 더한 예식이 가능하다. 시간적인 제약 때문에 하객이 줄어든다는 단점이 있지만 꼭 축하해 줄 사람만 오게 되므로 가족적이고 친밀한 분위기가 연출된다.

O7 결혼 전 필수 질문 5가지

Money | 결혼한 커플들에게 왜 다투는지를 물으면 80% 이상은 돈 때문이라고 답할 것이다. 부정하고 싶은 이야기지만 돈이야말로 결혼 생활을 위태롭게 만드는 요인 중 하나다. 서로의 소비 습관이 어떤지, 현재 주머니 사정이 어떤지, 소비와 저축의 범위는 어떤지 시로 분명하게 이야기하고 태도와 목표를 분명히 하는 것이 필요하다.

Sex | 성을 통해 사랑이 깊어가고 서로를 알아가는 기쁨이 충만해지는 법이다. 낯 뜨거워짐을 감수하고라도 배우자의 성적 취향이 어떤지, 섹스를 통해 기대하는 것이 무엇인지 알 필요가 있다.

Kids | 언제쯤, 몇 명을 낳아 누가, 어떤 방법으로 양육한 것인지. 결혼과 동시에 찾아올 수 있는 문제이기에 반드시 논의해야 할 문제다.

Chores | 결혼은 현실이다. 로맨틱하지는 않지만 반드시 해야 하는 일이 가사일이다. 즉, 빨래와 청소, 설거지 등의 가사를 어떻게 분담할지 명확하게 할 필요가 있다.

In-Laws | 결혼과 동시에 시댁 혹은 처가라는 만만치 않은 관계가 생기게 된다. 시댁이나 처가 문제로 스트레스를 받고 싶지 않다면 몇 가지 기본 룰을 정할 필요가 있다. 공휴일이나 명절에는 어느 집 식구들과 함께 시간을 보낼 것인지, 주말마다 시댁을 방문해야 하는지 등등에 관해 서로 의견을 나눈다.

wedding

결혼 준비 스타트

planner

처음이라고 실수를 연발할 필요는 없다. 결혼 준비에서의 실수는 큰 돈을 쓸데없이 지출하게 할
수 있고, 꼬여버리는 일정은 지독한 스트레스가 될 수도 있기 때문이다. 결혼 준비의 시작은 비
용과 일정 플랜에서부터 시작된다. 정확하고 풍부한 시장 조사를 바탕으로 한 웨딩 플랜은 결혼
준비를 보다 수월하게 만들어준다. 전체 예산 짜기부터 품목별 예산 분배 원칙, 3개월부터 시작
되는 결혼 플랜을 소개한다. 처음이지만 당신을 결혼 준비의 선수처럼 만들어줄 가이드라인.

08 전체 예산 설계

일생일대의 최대 쇼핑을 경험하게 되는 때가 결혼 준비 기간이다. 수백만 원부터 많게는 수천만 원에 이르는 비용이 들어가는 결혼 과정에서 철저한 조사와 계획을 바탕으로 한 예산 짜기는 더없이 중요하다. 예산 짜기의 기본은 나와 배우자의 능력 분석이다. 부모로부터 지원을 받든, 자신들의 돈으로만 결혼을 준비하든 간에, 유용 가능한 금액을 정확하게 파악하고 그에 맞춰 예산 규모를 짠

다. 평생 한 번뿐이라는 이유로 무리하게 예산 규모를 부풀리면 결혼 후 스트레스가 되어 돌아올 수도 있다.

아무리 철저하게 품목을 나누고 발생할 수 있는 여지를 생각하며 예산을 책정했다 해도 추가 비용이 발생하는 것이 일반적이다. 세세한 부분까지 리스트 업 해 예산의 추가 발생 여지를 사전에 방지한다. 예산을 초과하지 않으려면 전체 금액의 10% 정도를 예비비로 책정, 예상치 못한 부분에서 초과되는 부분을 커버한다. 또 한 가지 중요한 것은 계획한 대로 결혼 준비를 해야 한다는 것이다. 초기에는 꼼꼼하게 예산을 체크하다가도 두세 달 이상 준비 기간이 길어지면 일정과 예산을 초과하는 경우가 많기 때문이다. 품목별 체크 리스트를 만들어 예산에 맞는 지출과 일정을 관리하는 것이 중요하다.

09 예산 분배 요령

가중치 결정 | 결혼에 대한 전체 예산을 세웠으면 그 금액을 가장 효과적으로 사용

할 수 있도록 예산을 분배한다. 혼수형 커플은 주로 결혼식 이후의 생활에 초점을 맞춰 가전이나 가구에 비중을 두어 비용을 분배한다. 예식형 커플은 결혼식 행사 자체에 초점을 둔다. 드레스, 사진, 신혼여행, 예물, 예단 등에 중심을 두어 예산을 분배한다. 한 번뿐인 결혼식을 화려하게 치르고 살림살이는 살면서 하나씩 늘리는 재미를 느낄 것인지, 조촐한 예식을 치르고 신혼집을 보다 안정적으로 꾸밀 것인지는 커플의 취향에 달려있다.

철저한 시장 조사 | 항목별 예산 분배가 성공하기 위해서는 철저한 시장 조사가 선행되어야 한다. 가전이나 가구와 같은 혼수 상품의 경우는 여러 가지 경로를 통해 객관적인 가격 정보를 얻을 수 있다. 하지만 드레스, 메이크업, 사진과 같이 결혼 특화 상품의 경우 신뢰성 높은 쇼핑을 하기 쉽지 않다. 먼저 결혼한 사람의 조언이나 평가를 듣고 믿을 만한 업체를 선정하고, 대략적인 가격 정보를 파악한다.

항목별 구체적 금액 확정 | 상품을 결정하다 보면 항목별로 예상했던 것보다 추가되는 비용도 있고 감소되는 비용도 있게 마련이다. 각 항목의 플러스, 마이너스 비용을 잘 조율한다. 당초 계획한 각 항목별 배분이 적절한지, 일부 항목에 과도하게 비용이 집중된 것은 아닌지, 중간 중간 점검하며 당초 계획과 차이가 나는 부분을 중심으로 금액을 조정한다.

10 신랑신부 비용 분담

결혼식을 준비하면서 돈 때문에 얼굴을 붉히는 경우가 종종 있다. 소소하게 들어가는 돈 문제로 사랑과 신뢰를 와르르 무너뜨릴 수는 없는 일이다. 원만하게 결

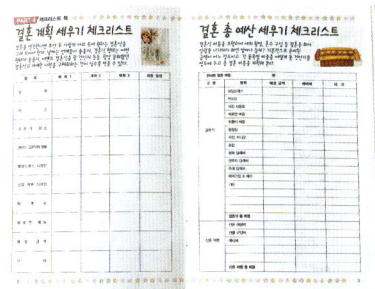

혼식 준비를 끝내기 위해서는 적은 액수의 결혼 비용이라고 해도 부담자를 정해 준비하는 것이 현명하다. 내 집 마련이나 혼수 준비, 예식 비용, 신혼여행과 같이 큰 돈이 들어가는 항목에서는 오히려 갈등이 덜한 편이다. 남녀 분담이 명확하고 둘 사이에 합의가 이루어지는 경우가 대부분이기 때문이다. 오히려 작은 돈이 들어가는 세세한 항목에서 갈등이 발생되는 경우가 많다. '이 정도는 알아서 하겠지?' '남들은 이렇게 하던데' 하는 안일한 생각이 오히려 감정 문제로 커지고, 불화의 씨앗이 되기도 한다. 가능하면 지출 예측이 가능한 모든 항목에 대해서 분담 계획을 세우는 편이 좋다. 아무리 생각해 봐도 누가 부담해야 될지 애매모호한 경우 과감히 공동 부담을 선택하는 것이 현명하다. 또한 양가 부모들이 부담하는 경우라면 반드시 사전에 양가 어른들이 충분히 의논해 결정을 하는 것이 좋다.

하지만 아무리 계획을 치밀하게 세웠다 하더라도 실제 준비를 하다 보면 쓸데없는 지출 항목이 많아지고, 분담 부분도 애매할 때가 있다. 계획한 대로 모든 것이 이루어지지 않더라도 융통성 있게 실행에 옮기고 상대에게 양보하는 마음의 여유를 갖는 것이 중요하다.

신랑신부 분담 내역
신랑신부 공동 부담 항목 예식 비용, 신혼여행 비용
신부 부담 항목 혼수, 신랑 예물 및 예복, 약혼식 비용, 예단, 신부 화장, 부케, 도우미 수고비
신랑 부담 항목 신혼집 마련, 신부 예물, 신부 예복, 신부 부모 예복, 사회 및 주례 사례비, 예식 뒤풀이 비용

11 D−100일 웨딩 플랜

D−100~60Day

하나 》 예산 책정 | 전체적인 예산 금액과 웨딩드레스, 화장, 사진 등 웨딩 당일 상품 비용과 혼수 구입비용, 예단 비용 등 상황에 따른 비용 분배.

둘 》 웨딩드레스 & 턱시도 상담 및 계약

셋 》 한복 맞추기 | 맞춤 제작하는 데 최소 20일 정도가 소요되고, 웨딩리허설 촬영 전에 완성되어야 한다.

넷 》 촬영 스튜디오 결정, 예약

다섯 》 여행지 결정 & 여행사 계약 | 여행사마다 여행 상품의 가격이나 조건 등이 다르므로 시간적 여유를 갖고 충분히 정보를 얻은 후 결정한다. 여권의 유효기간을 확인하고 비자 발급이 필요한 국가로 여행할 경우 필요한 서류를 체크한다.

D−60~30Day

하나 》 예물 구입 | 세팅하는 데 보통 한 달 정도 소요되므로, 함 들이는 날짜 전에는 제품이 완성되어 나올 수 있도록 시간을 맞춘다.

둘 》 예단 보내기 | 예식 한 달 전에 보내는 것이 좋다. 예단의 형식은 간소화하되 예의를 갖춰 보내는 것이 좋다.

셋 》 신혼집 도배 및 마감재 공사 시작 | 어떤 스타일로 인테리어를 할지 구상해 두어야 벽지나 마감재를 고를 수 있다. 전체적인 컨셉트를 정하고 통일감 있게 디자인을 선택한다.

D−30~10Day

하나 》 청첩장 발송

둘 》 주례 & 도우미 결정

셋 》 가구 & 가전제품 구입 | 신혼집 마감 공사가 끝나면 필요한 가구 & 가전 리스트를 작성하고, 그 배치도를 그린 후 제품을 구입하고 집에 들인다. 그 후 주방용품이나 인테리어 소품을 구입한다.

넷 》 폐백음식 주문 | 대추고임과 육포, 구절판을 기본

으로 하지만 지방에 따라 그 음식도 달라질 수 있으므로 어른들과 상의한 후 결정한다.

다섯 >> 신혼여행 짐 꾸리기 | 허니문 가방 안에 넣을 아이템을 구입하고 미리 짐을 꾸려 놓는다.

여섯 >> 함 받기 | 결혼 1주일 전쯤이 가장 무난하다.

D-1Day

최종 점검 | 결혼 당일 필요한 사항을 정리한 리스트를 보고 최종적으로 점검한다. 도우미들의 스케줄을 꼼꼼히 확인한다.

12 인터넷 활용

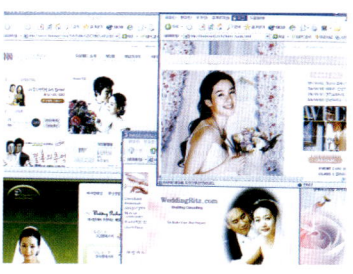

맞벌이가 대부분인 요즘 발품을 팔아 가며 결혼 준비를 하는 경우는 거의 없다. 자투리 시간을 활용할 수 있는 인터넷을 잘만 이용하면 결혼 준비가 한결 수월해진다. 인터넷 웨딩 관련 사이트에 들어가면 결혼 비용 예산 짜기와 일정 관리, 체크 리스트 서비스 등을 쉽게 이용할 수 있다. 예산별 추천 상품은 물론 품목별 예산을 입력하면 총비용을 계산해 주기도 한다. 예식장 선정 역시 인터넷이 큰 도움이 된다. 예식장 검색 서비스는 웨딩컨설팅 회사 사이트에서 흔히 이용할 수 있고, 전문 사이트도 운영 중이다. 웨딩 홀 사진이나 수용 인원, 피로연 음식과 비용, 주차 시설까지 비교적 자세한 정보가 제공되고, 사이트에 따라서는 원하는 가격대와 지역에 포함된 예식장을 한 번에 검색할 수 있는 서비스도 운영된다.

인터넷의 가격 비교 사이트는 믿을 수 있는 혼수품을 비교적 저렴하게 구입할 수 있는 기회가 된다. 이용자가 많은 사이트를 골라 상품의 사용 후기를 검색해 본 후 구입한다. 품목별로 마음에 드는 상품을 고른 후 매장에서 눈으로 확인하고, 사이트를 통해 구입하는 것도 지혜로운 방법이다. 허니문 선택에 있어 인터넷은 그 무엇보다 소중한 보물 창고다. 클릭 한 번으로 내가 원하는 여행지의 여행 상품을 확인할 수 있고, 여행지에 대한 풍부한 정보도 얻을 수 있다.

13 웨딩 도우미, 웨딩컨설팅

● 더웨딩컴퍼니 내부

결혼 준비에 있어 웨딩컨설팅은 이제 선택이 아닌 필수가 되어가고 있다. 바쁜 예비부부들에게 웨딩컨설팅은 시간 절약이라는 큰 장점과 함께 가격 할인을 통한 비용 절감 효과까지 가져다준다. 또한 예산이나 취향에 가장 근접한 상품을 1차적으로 선별해 제안해주기 때문에 상품 선택 또한 용이하게 할 수 있다는 장점이 있다.

웨딩드레스와 미용실, 사진이라는 웨딩패키지의 중간 판매자 수준이었던 초기의 웨딩컨설팅은 이제 결혼 전반에 걸친 플랜과 상품 셀렉터, 그리고 코디네이터의 역할까지 담당한다. 예산이나 취향에 따라 원하는 결혼식의 형태를 잡아주고, 웨딩 상품을 선별해 소개하며, 예단이나 함, 폐백과 같은 전통적인 절차에 있어서도 정보와 가이드라인을 제안한다.

하지만 많은 컨설팅사가 생겨났다가 없어지기 때문에 웨딩컨설팅 업체를 선정할 때는 꼼꼼한 주의가 필요하다. 협력 업체의 수준과 회사의 설립 시기, 그곳을 이용한 커플들의 후기 등을 꼼꼼하게 체크한다. 매니저와의 상담을 통해 그곳이 믿을 만한 곳인지, 전문성을 갖춘 매니저인지를 파악한 후 계약을 하는 것이 좋다. 대기업의 브랜드를 사용한다거나 웨딩 매니저의 숫자만을 보고 회사의 규모를 판단하는 것은 금물이다.

14 웨딩컨설팅 선택법

제휴업체 | 웨딩컨설팅 회사가 어느 정도의 제휴 업체를 보유하고 있는지는 매우 중요하다. 제휴 업체가 많으면 상품 구성이 다양해지고 신랑신부의 취향에 맞는 상품들로 컨설팅을 받을 수 있지만 업체가 빈약하

면 취향을 고려하기가 쉽지 않아진다.

서비스 영역과 내용 | 웨딩컨설팅 회사에 따라서는 매니저와 동행해서 업체를 방문하지 않고 업체의 연락처와 위치만 알려주는 곳도 있다. 컨설팅 회사를 선택할 때 동행 서비스가 가능한지를 체크한다. 어떤 서비스를 어떻게 해주는기를 명확하게 듣고 명시하는 것도 필요하다.

시장 조사 | 컨설팅 회사를 방문할 때는 총 결혼 예상 비용과 웨딩 상품에 관한 정보를 어느 정도 파악하고 가는 것이 좋다. 가격대를 전혀 모르고 방문할 경우 자

대표적인 웨딩컨설팅

더웨딩컴퍼니 기자 출신의 전문성 있는 플래너는 고객의 취향과 예산, 라이프스타일에 꼭 맞는 상품을 골라주는 셀렉디의 역할에 충실하며, 차별화된 웨딩 세러머니 연출에 탁월함을 발휘한다.
02-541-6424 www.theweddingcompany.co.kr

아이웨딩 많은 연예인들의 결혼을 성사시키면서 신랑신부들의 관심을 모았다. 동행 서비스보다는 상품의 퀄러티에 초점을 둔다. 다양한 업체와 다양한 가격대로 선택의 폭이 넓은 것이 장점이다.
02-540-4112 www.iwedding.co.kr

ok웨딩클럽 전국 대도시를 중심으로 네트워크를 형성하고 있는 대규모의 웨딩컨설팅이다. 다양한 협력업체 구성과 합리적인 가격대를 중심으로 인기를 얻고 있다.
02 540 0022 www.okwoddingclub.com

칫 비싸게 계약할 수도 있기 때문이다. 또한 컨설팅 회사가 제시하는 상품이 어느 정도 수준이며 얼마나 할인되는지에 대해 기준을 가질 수 있다.

매니저 | 웨딩 매니저는 예비 커플이 가진 예산 안에서 그 커플이 누릴 수 있는 최고의 웨딩 상품을 엄선해 주는 역할을 한다. 단순히 고객에게 정해진 패키지 상품을 소개하는 곳이라면 진정한 컨설팅을 기대하기 어렵다. 어떤 매니저가 좋다고 단정적으로 말할 수 없지만 전문성을 갖춘 플래너인지, 상담할 때 자신과 스타일이 맞는지, 자신이 원하는 내용을 짚어내는 능력이 있는지를 파악한다. 가장 중요한 것은 매니저를 인간적으로 신뢰할 수 있는지의 여부를 판단하는 것이다.

part 3

상견례 & 약혼식

예를 갖춰야 하는 대표적인 자리가 바로 상견례가 아닐까 싶다. 양가 어른들이 처음으로 만나는 자리인 만큼 원활한 진행과 편안한 분위기를 위해서는 상대방에 대한 배려기 절실히 요구된다. 공식적으로 어른들께 두 사람의 결혼을 허락받는 자리이기 때문에 격식을 갖춰 진행하는 것이 좋다.

15 공식적인 첫 만남, 상견례

결혼 전 양가 부모가 미리 만나 결혼에 관련된 사항들을 의논하는 자리로 양가의 공식적인 첫 만남이며, 결혼 승낙의 마지막 단계가 바로 상견례다. 양가 부모는 상견례 자리에서 상대 집안의 가풍이나 분위기를 파악하고 평가하게 되므로 완전한 결혼 허락은 상견례 자리에서 결정된다고 봐도 과언이 아니다. 상견례에는 양가 부모 이외에 직계 가족, 경우에 따라서는 가까운 친지들이 참석한다.

미리 양가에서 참석할 인원수를 확인하고 비슷한 수로 맞추는 것이 좋다

상견례를 마쳐야 공식적인 결혼 준비를 시작할 수 있으므로, 예식 전 3~6개월 전에는 끝내는 것이 좋다. 상견례 날짜는 양쪽 집안의 스케줄을 고려해서 최소한 2~3주 전에 일정을 잡아야 하며, 상견례 2~3일 전에 다시 한번 시간과 장소를 확인한다. 지나치게 비싼 음식점에서 상견례를 할 필요는 없지만 상대방에 대한 예로 고급스러운 장소를 선택하는 것이 좋다. 약속 시간 10분 전에 도착하는 것이 좋으며, 먼저 도착했을 경우 상대 집안을 위해 상석을 남겨두는 것이 예의다. 문 입구에서 먼 곳이 상석.

양가 어머니가 미리 만나 결혼에 관련된 사안들에 대해 의논을 한 상태라면 상견례 자리에서 결혼 날짜나 예단 전달 방법, 예물 등에 대해 상의해도 무방하다. 예비 신랑신부는 상견례 후에는 특별한 일이 없는 한 부모님과 함께 집으로 가 상견례 분위기와 상대 집안에 대한 부모님의 의견을 듣는다. 그리고 상대 집안 어른들이 도착했을 시간을 기다렸다가 무사히 귀가했는지 안부 전화를 거는 것이 좋다.

16 호감 200% 상견례 에티켓

대화법 | 어른들을 만나는 즉시 가벼운 목례를 한다. 상견례가 진행되는 동안은 바른 자세를 유지하고 있어야 하며, 등과 허리가 구부러지지 않도록 주의한다. 말소리는 너무 크지 않게 또박또박 말하고, 말을 너무 빨리 하거나 억양이 높고 목소리가 크면 상대측 어른들에게 나쁜 인상을 줄 수도 있으므로 주의한다. 예비 신부가 애교스러운 말투나 제스처를 사용하는 것은 상대측 집안 어른들께 귀엽고 사랑스러운 인상을 줄 수 있지만 상대측 손윗동서가 참석한 자리라면 삼가는 것이 좋다.

옷차림 & 화장 | 자신이 좋아하는 스타일보다는 어른들이 좋아할 스타일의 의상을 챙겨 입는다. 심플한 디자인의 치마 정장이 무난하고 컬러는 너무 강렬한 것은 피한다. 치마 길이가 짧지 않은 것으로 고르며, 원피스보다는 투피스가 더 좋은 인상을 줄 수 있다. 메이크업은 진하지 않게 청순한 분위기가 나도록 한다.

신랑의 경우 믿음직스러운 인상을 줄 수 있는 짙은 컬러의 정장을 입는다. 베스트나 타이로 포인트를 주면 경쾌한 이미지를 심어줄 수 있다. 부모님들은 상견례 자리에 한복이나 양장을 입는 것이 일반적인데, 최근에는 거의 양장을 선호하는 추세. 이때 주의할 것은 화려함을 피하기 위해서 너무 편한 옷을 입는 것도 예의에 어긋난다.

17 상견례 분위기 띄우는 대화법

양가 가족이 모였는데 아무 말 없이 침묵이 흐른다면 그것만큼 어색한 풍경도 없을 것이다. 상견례에서는 객관적인 주제보다는 주관적인 화제로 이야기를 나누

는 것이 분위기를 부드럽게 만든다. 결혼 당사자들인 자녀의 이야기로 가볍게 대화를 시작하는 것이 일반적. 일단 신랑이 양가 어른을 소개한다. 집안 이야기나 자녀의 성장 과정, 최근 화제가 되고 있는 시사 문제 등을 적절히 섞어 대화를 끌어나간다. 처음 만나는 자리이므로 어색하지 않은 분위기로 유도하는 것이 중요하며, 자녀의 배우자감에 대한 칭찬도 아끼지 않는다. 칭찬을 하는 사람은 물론 함께 있는 사람까지 기분 좋게 하는 칭찬은 아끼지 않는 것이 좋다. 물론 칭찬에는 후하되, 결코 가벼워 보이지 않는 언어 구사를 할 필요가 있다. 친정 쪽이 기운다면 신랑이, 시댁 쪽이 기운다면 신부가 신경을 쓰는 것이 좋다.

부모님께 상대편 집안에 대한 정보를 상견례 전에 미리 알려주는 것도 좋다. 부모님 입장에서도 어떤 대화를 나눌지 생각해 보게 할 수 있고, 공연한 질문이나 대화로 분위기가 어색해지는 것도 막을 수 있다. 이름, 직업, 가족 관계 등의 기본 정보는 물론이고 성격이나 말투 등도 꼼꼼하게 알려드리는 것이 좋다.

18 식사 에티켓

한식 | 평소 식습관이 그대로 드러나는 메뉴이므로 특별히 신경을 써야 하는 자리다. 어른들이 수저를 드실 때까지 기다렸다가 식사를 시작하는 것은 기본이다. 음식을 먹을 때 입을 벌리거나 소리를 내지 않도록 하며 음식을 베어 먹는 것도 주의한다. 어른들의 식사가 다 끝나기를 기다렸다가 수저를 내려놓는 등 평소에 지켜야 하는 기본적인 예의를 잊지 않는다.

일식 | 맛이 담백하고 깔끔한 일식은 격식을 갖춘 식사를 해야 하는 상견례 장소

로 적합하다. 일식을 먹을 때는 일단 젓가락만을 사용하는 것이 예의다. 다소 불편하더라도 모든 음식은 젓가락만을 사용해서 먹도록 한다. 국은 손에 들고 마시고, 그릇을 잡아당기거나 젓가락을 든 손으로 무엇을 가리키지 않아야 한다.

중식 | 평소 자주 먹던 음식이라고 여유를 부리면 오산인 곳이 중식당이다. 상견례 자리에서 주문하게 되는 중국 음식은 주로 코스 요리가 선택되므로 따로 식사 에티켓을 알아두어야 한다. 중국 요리는 원탁에 차려지며 테이블을 돌려 원하는 음식을 덜어 먹는다. 테이블 위로 손을 뻗어 음식 그릇을 앞으로 끌어당기거나 하지 않도록 주의한다. 코스별로 종업원의 서빙이 이루어지는 고급 중식당을 신택하는 것이 알맞다.

양식 | 양식당에서의 상견례를 계획 중이라면 일단 양가 어른들의 입맛에 양식이 무리 없는지 여쭤보도록 한다. 외식 문화가 발달하면서 양식 또한 중식, 일식처럼 친숙해져 있지만 어른들의 입맛에는 맞지 않을 수 있으므로 사전에 확인이 필요하다. 양식은 그 메뉴의 이름이 길고 어려워 연세가 많은 어른들의 경우 주문에 곤란을 겪을 수도 있으므로 알맞은 메뉴를 골라 미리 주문해 두는 것이 좋다. 너무 딱딱한 음식이라 씹기 불편한 것이나, 게나 가재 요리처럼 먹기에 불편한 음식은 피하는 것이 좋다.

상견례 비용

상견례에 소요되는 시간은 2시간 내외가 적당하다. 소요 시간이 너무 짧거나 길면 상대에 대한 오해가 생길 수 있으므로 주의한다. 상견례 비용은 남자 측에서 내는 것이 예의다. 상견례가 끝나기 직전에 예비 신랑이 조용히 일어나 계산을 미리 하는 것이 센스스럽다. 하지만 상견례를 약식 야혼식 자리로 마련했다면 여자 쪽에서 부담한다. .

19 상견례하기 좋은 곳

용수산 | 오랜 전통만큼이나 어른들로부터 신임을 얻고 있는 용수산은 상견례의 명소로 손꼽힌다. 상견례 메뉴로는 산정식이나 수정식이 추천할 만하다. 죽으로 시작하여 보쌈김치, 무침, 전, 구절판, 신선로, 구이 등의 요리와 식사, 후식이 나온다.
문의 02-591-9674 www.yongsusan.com

한우리 한정식 | 단아한 분위기와 고급스러운 인테리어 덕에 이미 상견례 장소로 자리매김한 곳이다. 한우리는 전통 한정식을 유지하면서 자연, 신선, 건강을 메인 테마로 자연을 담은 식재료를 사용하여 신선하고 영양가 높은 음식을 마련한다.
문의 02-545-3334 www.hwrfood.com

고메홈 | 도심 속 테헤란로에 위치하여 조용하고 운치 있는 정원이 내려다보이는 전망은 물론 별실로 꾸며져 있어 상견례에 제격. 이곳은 한식의 기본적인 맛을 내기 위한 장류, 젓갈류 이 두 가지를 사용하지 않으면서 한국 전통 약선 요리의 맛을 되살리기 위해 노력한다. 문의 02-568-4595 www.gomehome.co.kr

한미리 | 전통 궁중요리와 서울 반가 요리로 정평이 나 있다. 상견례 자리에서는 한미리정식과 궁중정찬이 무난하다. 부드러운 죽으로 시작하여 냉채, 구절판, 산적류, 대하찜, 전유화, 신선로, 갈비찜 등의 맛깔스런 요리를 맛볼 수 있으며 후식으로 떡과 식혜가 제공된다. 문의 02-569-7165 www.hanmiri.co.kr

아세아도원 | 프라자호텔 직영 중식당. 오랜 경력의 주방장의 손끝에서 빚어지는 북경, 사천, 상해, 광동식의 다양한 요리는 중후하고 깊은 맛을 자랑한다. 기름기를 최대한 걷어내고 육류와 채소를 골고루 섭취할 수 있도록 요리하여 느끼하지

않은 것이 특징이다. 문의 02-562-5566

도림 ㅣ 지역적 특색이 뚜렷한 북경, 사천, 상해, 광동식의 다양한 정통 요리와 딤섬을 마련, 일년에 4번 제철재료를 이용한 계절 메뉴를 다양하게 선보인다. 또한 한약재를 사용한 한방 조리법을 이용하며 24종의 중국술과 다양한 와인을 구비하고 있다. 문의 02-317-7101~2

와라이 ㅣ 일본음식은 눈의 미각이라는 말이 있듯이, 이곳에서는 눈으로 아름다움을 느끼고 담백한 맛을 즐기는 일본식을 찾는 이들의 품격을 높인다. 산지 직송한 최상의 재료를 사용한 음식들이 제공되며 신선한 제철재료를 사용하기 위해 보름에 한번씩 메뉴가 바뀌는 것이 특징. 문의 02-3448-5100 www.warai.co.kr

20 약혼식 준비 A to Z

백지에 신랑의 생년월일을 적은 사주와 치맛감을 신부 집에 보내고, 사주를 받은 신부 집에서는 축하연을 베풀었던 옛 의식이 지금의 약혼으로 이어지고 있다. 지금의 약혼은 양가의 부모님들과 가까운 친척들이 모인 자리에서 상견례를 겸하여 결혼을 정식으로 약속한다는 의미를 담는다.

약혼식은 토요일이나 일요일 오후쯤으로 택하는 것이 가장 무난하다. 장

약혼 예복 & 예물

약혼 예물로는 주로 반지를 교환하는데 두 사람이 앞으로의 인생을 함께 하기로 약속하는 성스러운 절차이니 만큼 값비싼 예물보다는 의미 있는 선물로 고른다. 상대의 태어난 달에 따라 탄생석으로 반지를 해주는 경우가 많은데 자기가 태어난 달의 보석을 몸에 지니면 나쁜 액을 쫓고 복을 부른다는 통설에 따른 것. 결혼식이 가까운 경우라면 결혼 예물을 준비하여 미리 교환하는 것으로 약혼 예물을 대신하기도 한다. 반지는 왼손 약지에 낀다. 약혼 예복으로 남자는 턱시도를, 여자는 약혼 드레스를 입기도 하며 별도의 예복을 준비해도 무방하다. 또 예물과 함께 호적능본, 건강신난서 등를 예식 중에 교환하거나 신부 측은 초택일 단자, 신랑 측은 사주단자를 준비한다.

ⓒ 백지애웨딩

소 역시 교통이 편리한지를 가장 먼저 체크해 보아야 하며 양가의 집에서 중간 정도로 택하는 것이 가장 무난하다. 예비 신랑신부, 양가 부모님, 가까운 친척이 기본. 단출하게 할 경우에는 보통 양가 7~8명 정도로 해서 15명 내외가 적당하고 신랑신부의 가까운 친구 두세 명을 초대하기도 한다. 양가의 인원 수가 너무 차이가 나지 않게 조정하는 것이 중요하다. 약혼식의 비용 부담은 신부 측에서 전액 부담하지만 요즘은 분담하는 경우도 많다.

약혼식을 치르고 나면 정식으로 예비 신랑신부가 되는 두 사람. 그러나 이럴 때일수록 서로 예의를 지키는 것이 약혼을 성공으로 이끄는 비결이다. 또한 예비 신부에게 약혼 이후는 정식으로 며느리가 아니면서도 예비 며느리로서 역할을 다해야 하는 다소 힘든 시기이기도 하다. 시댁의 가풍을 하나하나 배워간다는 마음으로 최선을 다하는 것이 가장 현명한 방법이다.

21 약혼식 순서

1 예비 신랑신부 인사 | 사회자는 약혼식장의 분위기를 진정시킨 후 개식을 선언하고 학력과 현재 하고 있는 일 등을 위주로 간단하게 예비 신랑신부의 약력을 소개한다. 신랑신부는 하객들에게 가벼운 인사를 한다.

2 가족, 하객 소개 | 소개를 받은 가족 당사자는 일어나서 고개를 정중하게 숙여 인사한다. 친구들이나 친지들의 소개는 생략해도 무방하다. 이때 약혼식의 주빈인 예비 신랑신부의 아버지 – 아버지가 안 계실 경우에는 아버지 역할을 대신하는 분 – 가 두 사람의 앞날을 축복하는 인사를 곁들인다.

3 약혼 서약 | 약혼 서약에 관한 특별한 양식은 없으므로 참석해 주신 손님들께 감사하다는 인사를 드리고 약혼의 마음가짐을 이야기한다.

4 사주와 결혼 택일단자 교환 | 신랑의 어머니가 먼저 사주를 신부 측 어머니에게 건네주고, 신부 측 어머니는 결혼 택일단자를 신랑 어머니에게 건넨다. 반드시 필요한 절차는 아니지만 약혼이 사주에서 유래된 풍속이므로 그 나름대로의 의미가 있다. 이를 교환할 때 호적등본과 건강진단서를 같이 첨부하면 좋다.

5 예물교환 | 사회자가 예물을 간단히 소개하면 예비 신랑신부는 차례로 서로의 손에 약혼반지나 시계 등의 예물을 끼워준다. 이때 양가 부모들은 함께 일어나시 지켜봐 주는 것이 자연스럽다.

6 약혼 케이크 절단, 축배 | 예비 신랑신부는 케이크에 꽂혀 있는 촛불을 끈 후 케이크를 칼로 가볍게 한 번 자른다. 그리고 사회자의 인도에 따라 축배를 들고, 하객 모두가 축배를 교환한다.

약혼식 좌식 배치

약혼식 장소가 어디냐에 따라 좌석의 배치 구도가 조금씩 달라지겠지만 대체로 신랑신부와 양가의 부모는 헤드 테이블에 앉고 하객들은 그 앞에 서로 마주볼 수 있도록 앉는다. 신랑의 위치는 식장에서 정면으로 보았을 때 왼쪽에, 신부는 오른쪽에 앉는다. 신랑과 신부의 바로 옆에는 양가의 어머니가 앉고 그 바깥쪽에는 아버지가 앉는다.

하객들은 헤드 테이블이 너무 멀지기들 가장 사서요로 보아 연장자를 약하되 대체로 가족, 친척, 친구의 순으로 앉게 한다. 부부의 경우는 나란히 앉을 수 있도록 배려해 주는 것이 좋다. 사회자는 헤드 테이블 가까이에 자리하는 것이 진행상 어려므로 편리하다.

part 4

예식장 선택

결혼 준비의 시작은 바로 예식장 선택이다. 일반 웨딩 홀에서의 결혼식이 일반적이었던 예전에 비해 예식의 형태가 다양해지고 있다. 야외 결혼식부터 호텔 예식, 하우스 웨딩에 이르기까지 스타일과 취향, 비용을 고려한 예식장 선택법을 소개한다.

22 결혼식 형태 & 예산 정하기

결혼식장을 선택하기에 앞서 결정해야 하는 것은 어떤 형태의 결혼식을 올릴 것인지를 정하는 것이다. 몇 년 전까지만 해도 선택의 여지가 없이 전문 예식장에서 예식을 치렀던 것에서 벗어나 다양한 스타일의 웨딩이 선보이고 있기 때문이다. 양가가 같은 종교를 가지고 있다면 일반 예식장보다는 성당, 교회, 절 등에서 종교 예식을 치르는 게 좋으며, 야외 결혼식이나 호텔 결혼식, 그리고 최근에

는 프라이빗한 분위기를 강조한 하우스 웨딩 등을 선택하는 커플들이 늘고 있는 추세다.

결혼식 형태를 정한 후 양가 어른들의 스케줄과 당사자들의 스케줄을 고려해 예식 가능한 날짜를 서너 개 뽑아두면 예식장 구하기가 훨씬 쉬워진다. 하객들의 편의도 고려해 명절이나 국경일에 날짜가 겹치지 않게 하는 것은 기본이다. 예식장을 방문하기 전에 전화로 사전 가능성을 체크하고 가능한 곳만 추려서 방문, 시간을 절약하도록 한다.

양가의 예상 하객 수를 미리 뽑아놓아야 한다. 예상 하객 수는 예식의 예산을 잡는 데 가장 중요한 요인이 되고 예식 홀의 좌석 수나 피로연 음식의 양을 정하는 자료가 되기 때문이다. 또한 본인의 예산에 맞게 예식장의 시설을 이용할 수 있는지의 여부도 중요하다. 계약할 때 모든 부대시설이 옵션인지도 반드시 점검해야 한다. 비용을 줄이면서 기억에 남는 결혼식을 하고 싶다면 웨딩 카 장식, 웨딩 뮤직 연주, 웨딩 이벤트 중 한 가지만을 택해 분위기를 더하도록 한다. 신부 대기실이나 폐백실 등의 부대시설도 체크한다.

23 예식장 선택 요령

교통 | 예식 장소는 누구든지 쉽게 찾을 수 있는 곳이어야 한다. 신랑신부 양가의 중간 위치나 교통이 편리한 곳으로 정하는 것이 가장 일반적이다. 무엇보다 중요한 것은 대중교통과 예식장까지의 거리다. 사정이 여의치 않을 때에는 회사 근처, 신랑 집 또는 신부 집에 가까운 쪽 등 한 쪽의 사정이라도 고려하는 것이 좋다. 그밖에 주차시설의 규모나 주차비 처리 여부는 물론 두 개 이상의 노선이 겹치는 환승역인지, 버스 노선은 다양한지, 셔틀버스가 운행되는지 등을 점검한다. '걸어서 5분', '정류장에서 100m' 등 예식장 상담실 얘기만 믿지 말고 대중교통 수단이 정말 걸을 만한 거리에 있는지 확인하는 것이 좋다.

예식장 주변 환경 | 예식장이 시장 안에 위치한다거나, 교통량이 많아 자동차 경적 소리로 시끄럽거나, 또는 주변에서 공사를 하고 있다면 곤란하다. 혼잡하지 않고 조용한 분위기에서 경건하게 결혼식을 진행할 수 있는 장소를 택하도록.

업체 불공정 행위 시 도움 받을 수 있는 곳

예식장이 드레스, 턱시도 대여나 신부화장 등 부대시설 사용을 지나치게 강요하거나 예식 당일 비디오 및 카메라 반입을 금하는 행위는 불법이므로 행정기관에 고발해 시정조치를 취하도록 한다. 옵션을 강요하지 않더라도 예식 당일 의자 등 잡다한 비품에 대한 비용을 요구하는 경우도 있으므로 사전에 계약 내용을 분명히 확인하고 서류를 잘 보관하도록 한다.
한국 소비자 연맹 02-795-1042
한국 소비자 교육원 02-579-0603
소비자 문제를 연구하는 시민의 모임 02-739-5441
소비자 정보센터 02-739-9898

부대시설 | 우선 신부 대기실이 홀 안에 있는지, 밖에 있는지, 또 신부 대기실 내부가 신부가 편안히 긴장을 풀 수 있도록 인테리어가 되어 있는지 등을 확인한다. 신부 전용 엘리베이터, 폐백실의 인테리어나 공간 확보, 하객들을 위한 휴게실이 별도로 마련되어 있는지, 화장실은 깨끗한지 등도 체크한다. 부족한 것들은 대처 방법이나 해결 방법 등이 있는지 점검하고 신부가 직접 준비해야 할 것은 무엇인지 상세히 알아둔다.

24 예식장 계약 시 체크 포인트

계약 내용 문서화 | 예식장을 둘러보다 보면 웨딩드레스나 턱시도, 사진 등 옵션 사항을 추가하는 경우가 생기는데 이런 경우 옵션 항목을 상세히 살피고 꼭 필요한 사항인지, 예산에는 맞는지 충분히 고려해 결정한다. 추가 사항은 구두가 아닌 계약서에 직접 명시하는 것이 안전하다.

피로연 음식 | 결혼식에 대한 평가는 대부분 피로연 음식으로 결정된다. 가능하다면 예식장에 미리 양해를 구하고 예식이 있는 시간에 직접 방문해 피로연 음식을 먹어보는 것이 좋다. 보통 '지불 보증 인원'이라는 것이 있어서 일정 인원에 대한 음식 값을 지불하게 되어 있는데 예상보다 하객의 수가 적더라도 이 음식값은 지불하게 되어 있으므로 예상 인원보다 50명 정도 적게 계약하는 것이 좋다. 보통 피로연회장에서는 10~15% 정도의 음식을 더 마련하고 있기 때문에 지불 보증 인원보다 더 많은 하객이 왔을 때도 대접하는 데 무리는 없다.

예식 시간 | 결혼 시즌에는 예식 시간의 간격이 충분치 못해 해프닝이 종종 벌어지

곤 하는데, 앞 시간의 하객과 다음 시간대의 하객들이 섞여 예식 홀이 혼잡해지고 피로연장 이용에 차질이 생기는 경우가 많다. 여유 있는 예식 시간이 제공되는 장소를 택하는 것도 중요 포인트.

주차 시설 | 대중 교통편 외에 주차 시설이 충분한지 확인할 필요가 있다. 주차료를 낼 경우 무료 이용 시간은 얼마나 되는지 알아두고 하객들에게 미리 양해를 구해야 하며, 지방에서 단체버스로 하객이 참석하는 경우가 많으므로 대형 버스의 주차 문제도 사전에 확인하도록 한다.

25 유러피언 스타일, 야외 결혼식

발목까지 오는 원피스 스타일의 드레스를 입고, 신랑과 함께 활짝 웃으며 단상까지 걸어가는 모습! 친구들이 꽃잎을 뿌려주며 환호하고, 단상의 꽃들은 바람에 날리며 향기를 더하는 결혼식의 풍경은 신부라면 누구나 꿈꾸어왔을 로맨틱한 야외 결혼식이다.

　　이처럼 야외 예식은 특별한 결혼식을 꿈꾸는 신랑신부에게 안성맞춤이다. 탁 트인 자연 경관을 배경으로 보다 자유롭고 편안하고, 그리고 낭만적인 분위기를 자아내기 때문이다. 야외 예식의 특징은 하루에 한 쌍, 많아야 2~3쌍 정도 예식을 치르므로 시간에 구애받지 않는 것이 가장 큰 장점. 또한 예식 후 시간에 쫓기는 피로연이 아니라 다양한 이벤트와 여유로움이 함께 하는 넉넉한 예식을 치를 수 있다. 반면 일반 예식장보다 설치비용이나 연출 비용이 많이 소요되고 진행상의 어려움도 따를 수 있으므로 꼼꼼한 준비가 필요하다.

야외 결혼식에서 가장 신경 쓰이는 부분이 피로연이다. 장소에 따라 출장 뷔페만 가능한 곳이 있고, 인근 식당을 이용해야 하는 곳이 있으니 미리 점검해서 결정하도록 한다. 호텔 연회장처럼 라운드 테이블과 의자를 준비해 예식과 피로연을 함께 진행하면 야외라도 보다 편안하고 격조 있는 예식을 치를 수 있다. 예식 시간보다 미리 온 하객들을 위해 간단한 스탠딩 칵테일 바를 설치해 분위기를 돋우는 것도 좋은 아이디어. 넓은 공간에서 이루어지는 야외 예식은 아무래도 실내에 비해 분위기가 산만해지기 쉽다. 비누방울, 폭죽, 안개, 화동, 즐겁고 경쾌한 음악, 축가나 축시 등 눈에 띄는 장치를 마련해 하객들이 집중할 수 있도록 한다. 야외 예식에서 날씨의 영향은 가히 절대적이다. 우천시 천막을 치거나 실내로 옮길 수 있는지 미리 점검해야 한다. 결혼식 날짜를 잡을 때는 기상청에 날씨를 체크하도록 하고, 미리 결혼 당일의 정확한 날씨를 체크해서 당황하는 일이 없도록 한다.

26 야외 결혼식 올릴 수 있는 곳

남산예술원 | 하얏트호텔과 국립극장 중간에 위치한 남산예술원은 도심 한가운데 자리해 교통도 편리하지만 남산 중턱에 푸른 나무와 형형색색의 꽃들이 장관을 이루는 수려한 경치를 자랑한다. 벚꽃, 아카시아, 솔 향이 만발한 이곳에서의 야외 결혼식은 자연 속의 축제라 해도 과언이 아닐 만큼 이름답다.

문의 02-796-5122

양재 시민의 숲 | 경부고속도로 바로 옆에 위치하고 있어 교통이 편리할 뿐 아니라, 8만 평의 넓은 규모에 잘 꾸며진 조경이 장점이다. 특

히 공원 내에 넓은 녹지대가 조성되어 있어 마치 숲 속에 들어온 듯한 느낌을 받게 된다. 나무 그루터기 모양의 하객 좌석이 마련돼 있고, 햇볕이 가려지도록 등나무 무늬의 아크릴 지붕도 설치돼 있다.

문의 02-575-3895

남산 공원 분수 광장 | 남산 식물원 분수대 앞에 자리 잡은 이 예식장은 신랑신부가 입장하고 행진할 때마다 하늘 높이 분수가 치솟아 분위기를 고조시키는 게 특징. 시기에 맞춰 식물원 안의 다양한 화분들로 식장을 꾸며주기도 한다.

문의 02-753-7060

메이필드 호텔 야외 플라자 | 유럽풍의 예쁜 교회에서 야외 예식을 치르는 듯한 기분을 만끽할 수 있다. 3만 2,000평의 부지 위에 펼쳐진 유럽풍 객실, 종탑 양식의 이탈리언 레스토랑 & 바, 푸른 정원과 꽃이 만발한 산책로 등이 어우러져 이국적이고 격조 높은 야외 예식을 진행하기에 제격이다.

문의 02-6090-5500

신라호텔 영빈관 후정 | 수려한 남산을 배경으로 아름다운 조각 작품과 푸른 잔디, 나무숲에 둘러싸여 럭셔리하고 개성 있는 예식을 연출할 수 있다. 실내 웨딩 홀처럼 화려한 조명은 없지만 싱그럽고 푸른 자연 환경, 계절감 살린 플라워 데커레이션, 그리고 신선한 공기를 만끽할 수 있다.

문의 02-2230-3321

워커힐 제이드 가든 & 애스톤 하우스 | 푸른 숲으로 둘러싸인 넓은 잔디밭과 한강의 아름다운 전망이 한눈에 들어오는 곳으로, 자연과 조화를 이루는 야외 예식의 장점을 가장 잘 살릴 수 있는 장소다. 국내 최고의 VIP 맨션으로 알려진 애스톤 하우스에서 연출되는 야외 웨딩은 비교적 소규모의 프라이빗한 웨딩이 가능한 곳이다. 하객과 신랑신부 모두 넓게 트인 한강을 바라보며, 작은 분수대 앞에 마련된 단상에서 예식을 진행할 수 있다.

문의 02-455-5000(제이드 가든), 02-450-4774(애스톤 하우스)

동시 예식

예식의 종류라기보다는 형태를 말한다. 피로연과 예식이 한 곳에서 진행되는 것으로 호텔 예식에서 주로 볼 수 있다. 둥근 테이블에 하객들이 둘러 앉아 예식 진행에 참석하고, 예식이 끝난 후에 식사 서빙이 시작된다. 예식 후 바로 식사가 나오기 때문에 피로연장을 찾아 자리를 이동하는 번거로움이 없다. 1부 예식이 끝나면 신랑신부는 피로연 의상으로 갈아 입고 테이블을 돌며 하객들에게 인사한다. 동시 예식은 보통 2~3시간 정도로 분리예식에 비해 진행시간이 길고 여유롭다.

27 럭셔리 호텔 결혼식

전문 예식장에서의 예식은 간단하고 편리하며 많은 하객을 초대해 진행하는 장점이 있는 반면 시간에 쫓기 듯 형식적인 진행이 이루어진다는 단점도 있다. 이러한 예식 진행의 불만 때문에 보다 여유롭고 격식을 갖추어 진행하는 호텔 예식에 관심을 갖는 커플들이 늘어나고 있다.

호텔 예식의 장점은 고급스러운 예식 장소와 정갈하고 맛있는 음식, 그리고 한 연회장에서 하루에 두 번 이상 예식을 하지 않기 때문에 예식 진행이 비교적 여유 있다는 것이다. 고급스러운 세팅과 우아한 분위기는 일생에 한 번뿐인 결혼식의 의미를 보다 격조 있게 만들어준다. 물론 단점은 비용적인 부분에서의 부담이다. 전문 웨딩 홀에 비해 피로연 가격대가 높고, 생화로 단상이나 꽃길을 꾸미는 것이 필수인 경우가 대부분이다. 플라워 데커레이션 비용이 호텔의 경우 200만 원에서 1,000만 원을 호가하기도 한다. 결혼식에 필요한 웨딩케이크, 얼음 조각, 특수 조명, 촛대 등 관련 소모품 등의 사용비를 추가로 내야 하는 경우도 많다. 하지만 호텔이기 때문에 가능한 각종 이벤트와 패키지를 제공하기도 한다. 대

● 서울 프라자호텔의 신부대기실

개 결혼식을 치른 호텔에서 첫날밤을 보낼 수 있게 무료 숙박권을 제공하고 결혼 1주년 기념 숙박권이나 리무진 운행 등의 서비스를 제공한다. 또한 주중에 이용할 경우 주말에 비해 할인되는 부분이 많아 저렴한 비용으로 호텔 예식을 치르고자 하는 커플이라면 주중을 이용하는 것이 좋다.

28 이색 결혼식

하우스 웨딩 | 하우스 웨딩은 공간과 시간에 제약을 받지 않고 개인적인 취향을 고려해 예식을 치를 수 있다. 세상에 하나뿐인 결혼식이 가능한, 그야말로 맞춤 결혼식이라 할 수 있다. 신랑신부 스스로 예식 진행부터 소품, 연출뿐 아니라 음식에 이르기까지 모든 것에 자신들의 취향과 의사를 반영할 수 있다. 평창동에 위치한 아트 브라이덜|02-3217-5518|과 같은 전문적인 하우스 웨딩의 공간도 있지만 아름다운 카페나 레스토랑, 갤러리 등도 하우스 웨딩의 장소로 사랑받는다. 하지만 수용할 수 있는 하객 수가 제한적이고 예식 비용 역시 일반 웨딩 홀이나 호텔 웨딩 홀보다 높은 것이 일반적이다. 인지도가 낮아 새로운 진행 방식에 대해 낯설음을 표현하는 하객들도 있다.

선상 결혼식 | 답답하고 시간에 쫓기며 치러야 하는 일반 예식장보다 이색적일 뿐 아니라 운치가 있어 인기 있는 예식의 한 방법이 바로 선상 결혼식이다. 날씨만 좋다면 로맨틱한 결혼을 꿈꾸는 신랑신부는 물론 하객들까지 기억에 남는 멋진 결혼식을 만들 수 있다. 배 위에서 선상 느낌만 살려서 예식을 치르는 방법과 실제로 배를 타고 유람하면서 결혼식을 진행하는 방법으로 나뉜다. 예식 절차는 다

른 결혼식과 거의 똑같지만 오색테이프 끊기나 불꽃놀이, 댄스파티나 칵테일파티 등의 이벤트를 다양하게 시도할 수 있다는 것이 특징. 하지만 선상 결혼식은 예식 시간이 길므로|2~3시간 정도| 하객들에게 미리 공지해 이용에 불편이 없도록 해야 한다.

왕과 왕비의 궁중 혼례 체험, 한국 궁중 대례청

민족혼 뿌리내리기 시민연합에서 운영중인 한국 궁중 대례청은 조선시대 왕과 왕비의 궁중 혼례를 직접 체험해 볼 수 있는 곳. 대무문 궁궐에서 주새하는 서민적인 전통 예식과 달리 이곳에서는 왕의 성혼 또는 세자, 세손의 성혼 책봉 때 행해졌던 결혼식을 재현하고 있다. 엄숙한 궁중 음악과 함께 화려한 궁중 복식이 어우러져 근엄하고 장엄한 분위기의 전통 혼례를 치를 수 있다. 이곳 전통 예식의 가장 큰 특징이라면 신랑신부가 임금과 왕비의 예복을 차려입고 입장하는 것은 물론, 신랑신부 친구들도 전통 궁중 복식을 입고 등장한다는 것. 하객들도 왕족의 자격으로 예식에 참석하기 때문에 '보는 견혼시'이 아닌 하객 모두가 참여하는 혼례가 이루어진다. 조선시대 전통의 국혼례를 현대적 의미에 맞춰 간소화했기 때문에 예식 시간은 총 30~40분에 불과하다.

분의 02-793-4433 www.msr.or.kr

part 5

웨딩드레스 & 뷰티 & 사진

wedding
planner

5

신부를 '꽃'으로 만드는 웨딩드레스와 화장, 그리고 웨딩 사진은 결혼 준비에 있어 가장 핵심이다. 내게 가장 잘 어울리는 웨딩드레스는 결혼하는 즐거움을 만끽하게 하고, 때로는 우아하게 때로는 닭살 돋게 연출하는 웨딩 사진은 두 사람의 행복함을 배가시킨다. 최상의 선택을 위한 가이드라인을 제안한다.

29 웨딩드레스 선택법

웨딩드레스만큼 보는 것과 입는 것이 다르게 느껴지는 옷도 없을 것이다. 대부분의 사람들이 난생 처음 입어보는 옷이라, 머릿속에서 생각했던 것과는 전혀 다른 결과가 나타나기도 한다. 자신에게 전혀 어울릴 것 같지 않았던 톱 드

● 백지애웨딩 숍 내부

레스가 너무나 근사하게 보인다거나, 친구의 결혼식에서 너무 예뻐 보였던 공주풍 드레스가 너무 유치해 보인다거나 하는 식으로 말이다. 잡지나 인터넷을 통해 자신이 원하는 스타일을 1차적으로 스크랩하는 것도 중요하지만 전문가가 추천하는 스타일과 비교하며 자신에게 꼭 맞는 디자인을 선택한다.

웨딩드레스 선택에 있어 취향이나 자신과의 어울림만을 고려해야 하는 것은 아니다. 신랑과의 조화도 생각해야 하고 예식 장소나 시간, 계절 등도 고려

웨딩드레스 숍

백지애웨딩 톱디자이너 백지애 씨의 작품을 만날 수 있는 곳. 페미닌 & 로맨틱 무드의 웨딩드레스가 주를 이룬다. 100% 실크를 사용하는 고급 소재와 은은하지만 감각적인 디테일이 강세. 일본 웨딩 업계에서도 주목하는 곳으로 국내 웨딩계의 위상을 높이고 있는 곳이기도 하다. 02-3443-0130
이승진웨딩 단아하고 깨끗한 신부 이미지를 원하는 신부라면 주목할 곳이다. 디테일을 배제한 디자인으로 인기를 모은다. 02-516-6644
쎄레모니아 감각적이며 페미닌한 라인이 주력. 다양한 스타일 연출로 대중적인 인기를 모으고 있는 곳이다. 02-548-8587
정소연웨딩루이즈 여성스러운 이미지를 강조하는 페미닌 무드의 웨딩숍. 보이지 않는 곳까지 세심하게 챙기는 정성은 신부들을 감동시킨다. 02-547-9413
클라라웨딩 나앙안 니자인으로 신부들의 개성을 만족시키는 곳이다. 웨딩 데이에 공주가 되고픈 로맨틱한 신부라면 더욱 주목해 볼 것. 02-514-7600

해야 한다. 특히 예식 장소에 따라서 드레스의 디자인은 많이 달라진다. 신부가 걸어가는 로드가 길고 천장이 높은 호텔과 같은 장소에서는 심플한 디자인에 긴 트레인과 베일로 포인트를 주는 것이 우아하고 고급스러워 보인다. 일반 예식장의 경우 조명과 실내가 화려하기 때문에 대부분의 디자인이 무난하게 잘 어울린다. 교회나 성당의 경우 일반 예식장에 비해 조명이 어둡고 시선이 분산되기 때문에 신부에게 시선이 집중될 수 있는 디자인을 선택하는 것이 좋다. 트레인이 길거나 뒷부분이 화려한 디자인이 무난하다. 야외 예식인 경우 길이감이 짧고 디테일을 줄인 가벼운 느낌의 웨딩드레스가 잘 어울린다.

30 신랑 예복 스타일

연미복 | 테일 코트, 이브닝코트라고도 불린다. 뒷모습이 제비 꼬리처럼 생겼다 해서 연미복이라 불린다. 턱시도가 검은색 보타이, 검은색 커머 밴드를 조화시켜 입어 블랙타이로 불려지는 데 반해 흰색 조끼, 흰색 보타이로 코디네이션 해 입는 연미복은 화이트 타이라 불린다.

턱시도 | 보통 남성용 예복을 통칭하는 명칭으로 많이 사용한다. 연미복의 제비꼬리를 잘라낸 디자인이 바로 턱시도. 기본 스타일은 싱글 브레스티드에 숄칼라, 1개의 단추로 되어 있다. 요즘에는 일반 양복과 비슷한 스리버튼 턱시도를 더 선호한다. 보타이와 커머 밴드는 동색 계열로 코디하고, 구두는 검정색 에나멜화나 옥스퍼드화를 신는다.

모닝코트 | 주간에 입는 서양식 예복을 말한다. 앞길의 자락이 좌우로 깊게 파여서 사

선으로 된 앞 라인이 특징이다. 바지 앞부분이 드러나 보이는 싱글로 보통 단추는 하나를 단다. 요즘은 모닝코트보다 뒷자락이 짧은 하프 모닝코트도 많이 착용한다.

31 체형에 따른 턱시도 선택 요령

키 작고 뚱뚱한 체형 | 블랙이나 네이비 계열처럼 어둡고 짙은 컬러로 축소감을 준다. 팬츠, 베스트, 재킷을 풀 세트로 입는데 이때 V존을 깊게 파 가슴선을 여유 있게 보이는 것이 중요하다. 앞자락보다 뒷자락이 긴 모닝코트나 스트라이프 팬츠를 입으면 키를 커보이게 한다.

키 크고 마른 체형 | 개성과 취향에 따라 디자인을 선택할 수 있는 체형이다. 어떤 디자인의 예복도 무난하게 어울린다. 마른 체형을 커버하고 싶다면 그레이, 실버, 아이보리 등 비교적 밝은 색상을 선택하고 자카드나 새틴 소재 등이 볼륨감 있어 보인다.

키 작고 마른 체형 | 재킷과 팬츠를 같은 컬러와 소재로 통일해 키를 커보이게 하는 것이 포인트. 상체에 시선이 갈 수 있도록 아스코트 타이와 헹커치프 등을 화려한 디자인으로 선택한다. 예복 스타일 중에서는 앞자락이 짧고 뒷자락이 긴 연미복이 키를 커 보이게 한다. 길이가 긴 재킷은 작은 키를 강조하고, 단이 있는 바지 역시 다리를 짧아 보이게 하므로 가급적 피한다.

키 크고 뚱뚱한 체형 | 블랙과 네이비 등 수축되어 보이는 컬러로 슬림하게 연출하는 것이 포인트다. 재킷과 팬츠를 같은 톤으로 통일하는 것도 좋은 방법. 광택이 있는 새틴 소재나 무늬가 있는 자카드 소재는 볼륨감을 강조하므로 피하는 것이 좋다.

32 웨딩 헤어 & 메이크업 연출법

가장 중요한 것은 투명한 피부 표현이다. 투명하고 깨끗한 피부 표현은 컬러의 발색력을 높여주어 피부를 건강하고 화사하게 보이게 하기 때문이다. 웨딩 메이크업은 특별한 날에만 하는 것이므로 조금은 과감하게 시도하는 것도 좋다. 오렌지 컬러는 경쾌한 느낌을, 핑크나 바이올렛은 화사한 느낌을, 퍼플이나 브라운 컬러는 지적인 이미지를 전달할 때 주로 사용한다.

헤어의 경우 얼굴형의 영향을 많이 받는다. 둥근 얼굴은 옆머리와 앞머리에 볼륨을 넣고 약간의 땋음을 넣으면 어려보이고 귀여운 이미지를 연출할 수 있다. 사각에 가까운 얼굴형은 윗머리의 볼륨을 최대한 살려 시크한 이미지를 만들어주면 시선을 위로 향하게 해 단점을 커버할 수 있다. 얼굴형이 긴 경우 앞머리를 내려 볼륨감을 준 후 전체적으로 내추럴하게 연출하는 것이 좋다.

하지만 무엇보다 중요한 것은 트렌드나 룰을 따르기보다는 결점을 커버하고 장점을 부각시켜야 한다는 것. 또한 예식 장소나 시간, 웨딩드레스 스타일이나 신부 나이에 따라서도 연출이 달라지기 때문에 전문가와의 상담을 통한 스타일 결정은 아주 중요하다. 평상시 추구하는 스타일만을 고집하기보다는 전문가의 의견에 따라 새로운 스타일에 도전하는 편이 좋다. 자신의 취향과 전문가의 의견이 일치하면 더욱 좋겠지만 그렇지 않다면 전문가의 의견을 따르는 것이 만족도를 높인다. 웨딩 잡지 중에 소개된 스타일 중에 마음에 드는 것을 스크랩한 후 전문가에게 보여주는 것도 좋은 방법이다. 충분히 본인의 의사를 전달한 후 스타일을 결정해야 만족도가 높다.

33 결혼 전 피부 관리 5단계

Deep Cleansing & Scrub | 필링제는 스크럽 제품보다 자극이 적어 얼굴에 쌓인 각질을 제거하는 데 효과적이다. 각질을 제거한 뒤에는 반드시 차가운 토너를 화장솜에 적셔 피부를 진정시켜 주고 열린 모공을 수축시켜 수어야 한다. 삭질 세거와 딥클렌징은 일주일에 두 번 정도 결혼식까지 꾸준히 할 것.

Face Slimming | 신부 화장을 앞두고 신부들이 가장 중요하게 생각하는 것은 얼굴이 작아 보여야 한다는 것. 간단한 지압법을 병행하면서 리프팅 제품을 꾸준하게 발라주면 효과를 볼 수 있다. 3분 정도 목과 턱선을 위주로 얼굴 지압점을 자극해 준다. 너무 강하게 자극하게 되면 오히려 주름이 생기거나 피부 탄력을 저하시킬 수 있으므로 주의할 것.

Whitening Program | 균일한 얼굴색과 잡티를 완화하기 위해서는 화이트닝 케어를 해야 하는데, 집에서 손쉽게 할 수 있는 방법으로는 세안 후의 기초 케어와 마사지 팩 등의 스페셜 케어가 있다. 화이트닝 제품은 한 달 정도 꾸준히 사용하는 것이 좋다.

Anti Aging | 하루 중 피부 재생이 가장 활발해지는 때는 밤 10시~새벽 2시. 이때는 스킨 트리트먼트 기구를 이용하거나, 나이트 크림을 이용해서 간단하게 피부 재생을 돕도록 한다. 나이트 크림은 얼굴 전체에 골고루 펴 바르고, 주름 부위는 여러 겹 발라준다.

Moisturizing Care | 화장이 잘 먹는 피부는 적당히 유분이 있으면서 물기를 한껏 머금은 촉촉한 상태. 피부 수분은 쉽게 날아가므로 하루 종일 꼼꼼한 관리가 필요하다. 매일 1ℓ 정도의 물을 마시

는 것을 생활화하고, 저녁뿐만 아니라 아침에도 수분 크림을 바르는 것을 잊지
말자.

34 신부 뷰티 SOS

Q 결혼 전 생긴 뾰루지의 응급처치법

A 절대 손으로 짜지 말고 피부과나 전문 스
킨케어실을 찾아야 한다. 하지만 부득이하게
집에서 짜야 하는 상황이라면 따뜻한 타월로
모공을 열어준 다음 면봉을 이용해서 지그시
눌러준다. 안에 있는 피지 덩어리가 나오면
항생제 연고나 차가운 아스트린젠트, 혹은
시중에 나와 있는 여드름 치료 기능이 있는
화장품을 발라준다.

Q 당일 아침 퉁퉁 부은 눈을 진정시키는 방법

A 일단 더운물과 찬물을 번갈아 가며 세안해 얼굴의 혈행을 좋게 한다. 마지막에
는 찬물로 패팅하듯 두드려 줘 긴장감을 주도록 한다. 차갑게 보관해 두고 사용
할 수 있는 아이 마스크가 있다면, 눈 위에 10분 정도 올려놓는 것도 좋다. 아이

기내에서의 피부 보호

5시간 이내인 경우라면 굳이 메이크업을 닦아내지 않아도 된다. 피부 건조를 막기 위한 워터 스프
레이나 수분 세럼 등으로 피부에 수분을 공급하는 정도면 충분하다. 10시간 정도의 비행거리라면
피부가 건조해질 뿐 아니라 공기 중에 있는 오염 물질이 피부를 자극하므로 클렌징을 하는 것이 좋
다. 번거롭지 않게 사용할 수 있는 클렌징 티슈를 사용한 후 보습 크림을 발라 촉촉함을 유지한다.
발과 다리의 부기를 예방하기 위한 풋 케어 제품을 탑승 전에 바르거나 기내에서도 수시로 발라주
는 것이 좋다.

마스크가 없을 때는 화장수를 솜에 적셔 냉장고에 넣어두었다가 눈 위에 올려놓으면 부기가 한결 가라앉는다.

Q 업스타일을 자연스럽게 해결할 수 있는 방법

A 캐주얼한 옷차림에 예식 때 올린 머리 그대로의 신부! 공항에서 흔히 볼 수 있는 풍경이다. 그 모습만큼 우스꽝스러운 것도 없을 것. 예식이 끝나고 신혼여행을 떠나기에 앞서 우선 수많은 헤어핀을 뽑아내는 것이 급선무다. 업스타일을 연출하기 위해 붙인 달비를 떼어내고 핀들을 제거한다. 그런 다음 머리에 볼륨을 주기 위해 백콤|일명 후카시|을 넣었던 것을 머리끝부터 손가락으로 살살 빗듯이 풀어준다. 머리에 찐득하게 묻어있는 헤어스프레이가 빗질을 방해하므로 미리 헤어 토닉이나 헤어 에센스, 미스트를 준비하는 것이 효과적. 큰 브러시로 쓱쓱 빗어 내리고 헤어밴드로 깔끔하게 묶어 정리하면 긴 비행시간을 무리 없이 보낼 수 있을 것이다.

35 신랑을 위한 D–30 뷰티 플랜

남성의 피부는 스트레스, 면도 자극, 음주, 흡연, 과로 및 피부 관리 소홀로 칙칙하고 울긋불긋한 경우가 많다. 하지만 조금만 관리하면 여성의 피부보다 그 효과가 한결 빠르게 나타난다. 집에서 쉽고 간단하게, 멋진 피부의 신랑으로 변신하는 뷰티 플랜을 소개한다.

D–30 각질 제거와 클렌징 | 스킨케어는 꼼꼼한 클렌징으로 시작된다. 클렌징 폼을 적당량 덜어 거품을 낸 후 부드럽게 마사지하듯 닦아낸다. 노폐물을 닦아내는 것만큼 중요한 것은 클렌징 잔여물이

남지 않도록 여러 번 헹구어주는 것이다. 클렌징과 더불어 스크럽제를 사용해 각
질을 제거하면 더욱 깨끗한 피부로 가꿀 수 있다. 코 부위의 블랙헤드는 스크럽
을 사용해 1~2분 정도 문지른다. 일주일 3번 정도 정기적으로 팩을 해주어 막힌
모공을 열어주고 각질을 제거하면 피부가 한결 좋아진다.

D-15 화이트닝 케어 | 피부색이 칙칙해 보일 때는 스킨으로 주 1~2회 가볍게 마사
지를 해준다. 마사지를 어렵게 생각하는 남성들이 많지만 저녁에 세안 후 스킨을
충분히 덜어 피붓결을 따라 가볍게 닦아내고 얼굴에 남아있는 제품은 티슈로 눌
러 닦아내면 된다. 간단하면서도 피부의 혈액 순환 및 신진대사를 촉진해 피부
생기를 회복하는 데 도움이 된다.

D-10 피로한 피부 회복하기 | 피로로 인해 푸석해진 피부에는 수분 공급이 가장 중
요하다. 혈액 순환을 촉진시키기 위해 일주일에 1~2회, 15분 정도 얼굴에 스팀타
월을 이용해서 수분을 공급하거나 영양 마사지를 해주도록 한다.

D-Day 탄력 있는 얼굴선 | 날렵하면서도 생기 있는 인상을 주기 위해서는 피부가
건강해 보이는 것이 가장 중요하다. 아침에 일어나 찬물로 세안을 하거나 얼음찜
질로 피부를 조여 주면 한결 탄력 있게 보인다.

36 웨딩 스튜디오 선택법

평소 좋아하는 사진 스타일을 생각해 놓는다면
웨딩 스튜디오를 선택하는 데 도움이 된다. 대외
적인 명성이나 유명세보다는 샘플 앨범을 직접
보고 선택하는 것이 좋다. 앨범의 매수와 기술적
인 작업 여부, 포토그래퍼의 경력, 앨범 겉표지의

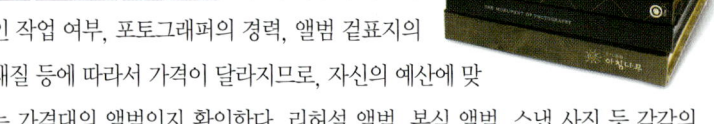

재질 등에 따라서 가격이 달라지므로, 자신의 예산에 맞
는 가격대의 앨범인지 확인한다. 리허설 앨범, 본식 앨범, 스냅 사진 등 각각의

앨범 크기와 매수를 확인하고 그 스타일도 확인한다. 리허설 사진의 경우 정해진 세트에서 촬영하기 때문에 샘플과 거의 같은 사진이 나오지만 본식의 경우 예식 장소에 따라 분위기가 다를 수 있으므로, 자연스러운 순간 포착의 능력이 뛰어난지를 체크한다.

샘플과 가격이 만족스럽다면 담당 포토그래퍼와 직접 상담하는 것도 좋다. 포토그래퍼의 스타일도 파악하고 촬영 장소별 특징과 스타일에 대해서도 의견을 교환하면 더욱 만족스러운 결과를 가져올 수 있을 것. 또한 앨범과 액자를 받는 날이나, 마음에 드는 사진을 액자로 만들 경우 서비스가 가능한지, 비용이 든다면 얼마인지, 결혼 후 가족사진을 찍거나 아이 돌 사진을 찍을 경우 할인 혜택이 있는지 등등을 체크하는 것도 잊지 말아야 한다.

37 베스트 앨범을 위한 조언

자신감 있는 포즈 | 어깨와 허리, 가슴을 쭉 펴고 당당하게 서 있는 것만으로도 사진 속에서는 한결 슬림해 보인다. 당당한 표정과 포즈는 사진을 밝고 환하게 만드는 요소. 하지만 일직선 자세는 어색해 보일 수 있으므로 얼굴은 정면이되 몸은 약간 측면으로 트는 것이 훨씬 세련되어 보인다. 이중턱으로 보일 위험이 있으므로 너무 당기기보다는 위로 살짝 드는 것이 낫다. 무조건 카메라를 응시하는 것도 고전적인 방법. 살짝 눈을 내리거

●W 스튜디오와 구호 스튜디오 리허설 앨범

나 좌우로 시선을 옮기면 한결 부드러운 표정을 만들 수 있다.

자연스러운 모습 포착 | 촬영을 위해 포즈를 취한 듯 딱딱한 표정으로 테이블에 앉

아있는 하객의 모습은 정형화된 느낌을 준다. 포토그래퍼에게 몰래 카메라가 포착한 듯한 자연스럽고 개성 있는 하객의 모습을 스케치해 달라고 부탁한다.

감동을 연출하는 이미지 사진 | 모든 사진에 얼굴이 들어가야 한다는 고정관념은 버리자. 신랑의 부토니아 |Boutnniere| 를 핀으로 똑바로 고정시켜 주는 장인의 다정한 손이나 웨딩케이크에 장식된 꽃 등 다양한 느낌의 이미지 사진은 감동과 스토리가 있는 웨딩 앨범을 만들어준다.

믿고 맡긴다 | 일단 촬영에 들어가면 포토그래퍼에게 전적으로 맡기는 것이 좋다. 포토그래퍼는 신랑신부의 체형과 외모를 고려해 살아있는 사진을 찍는 만큼 원하는 포즈와 표정을 최대한 맞춰주면 높은 퀄러티의 사진을 건질 수 있다. 만족스럽고 예쁜 웨딩 앨범을 원한다면 포토그래퍼에게 마음을 열고 맡기는 자세가 필요하다.

38 사진 관련 용어 알기

리허설 촬영 | 결혼식 전에 진행하는 웨딩 촬영을 말한다. 야외 촬영, 스튜디오 촬영 등과 함께 혼용되어 사용하지만, 요즘은 야외 촬영은 거의 생략하는 편.

ⓒ소호 스튜디오

스냅 | 예식 당일 신부와 신랑, 부모와 친지의 모습까지 예식 진행 상황에 따라 촬영을 한 후 앨범으로 구성한 것. 보통 신부 대기실에서부터 촬영을 시작해 폐백 하는 모습까지 자연스럽게 담는다.

원판 | 결혼식이 끝난 후 신랑신부와 친지, 주례, 친구들과 함께 찍는 사진을 말한다. 보통 10매 정도로 구성되며,

양가 부모님을 위해 원판 앨범 두 권을 받는다.

스토리 스냅 | 스냅 사진을 조금 더 강화해 만들어진 앨범을 말한다. 예식 당일 메이크업 받는 순간부터 예식, 피로연에 이르기까지 시간 흐름에 따라 구성해 만든다. 보통 스토리 스냅은 원판 사진과 합본을 만들지 않고 독립적인 앨범으로 제작되는 경우가 많다.

밀착 | 필름으로 촬영한 후 필름 크기대로 인화한 작은 사진을 말한다. 앨범 컷을 신랑신부가 직접 선택하게 하기 위해 만들어지는데, 보통 5~10만 원 사이의 비용을 받는다.

디지털 사진 | 촬영 자체를 디지털로 하는 경우와 필름으로 찍은 후 디지털 편집을 거치는 경우를 모두 디지털 사진이라고 말한다. 자유자재로 리터칭이 가능하다.

아날로그 사진 | 말 그대로 필름으로 사진을 찍는 것을 말한다. 촬영한 상태 그대로 사진을 인화해 편집한다.

접착, 압착 | 앨범의 제본 상태를 말하는 용어이다. 기본 앨범 위에 인화된 사진을 붙여 앨범으로 완성시키는 방식이 접착, 사진과 앨범 내지를 압축시키는 것이 압착 앨범이다.

웨딩 액세서리

작은 차이가 명품을 만든다는 광고 카피처럼, 사소해 보이는 작은 것들이 모여 결혼식을 특별하게 만들어준다. 신부 스타일링의 완성은 아름다운 부케에서 이루어지며, 은은하게 깔리는 축하 연주는 예식을 보다 품격 있게 만들어준다. 마치 뮤직드라마처럼 영상미 뛰어난 웨딩 DVD, 신랑 신부의 행복한 출발을 기원하는 웨딩 카, 그리고 테이블 데커레이션까지 결혼식을 더욱 빛내주는 웨딩 액세서리를 소개한다.

39 부케 & 부토니아

웨딩드레스를 입은 신부를 더욱 빛내주고, 신부를 사랑하는 신랑의 마음이 고스란히 담겨 있는 것이 바로 부케다. 중세시대, 들꽃의 향기가 아리따운 신부를 질병과 악령들로부터 보호한다고 믿으며 신랑이 신부에게 들꽃을 선물했던 것이 오늘날 부케가 되었다. 결혼식이 끝나면 신부가 꽃다발에서 꽃 한 송이씩을 뽑아 참석자들의 가슴에 꽂아주는 풍습이 있었는데 꽃을 나눔으로써 행운이 나

● 디자이너 브랜드 플라워애비뉴의 부케

누어지고 꽃을 받은 사람도 행복해진다는 뜻을 담고 있다. 그리고 신부가 받은 다발 중에서 한 송이를 빼서 신랑의 양복 깃에 꽂아준 것이 지금의 부토니아다.

신부의 안녕을 기원하는 의미를 담고 있는 부케 역시 소홀할 수 없는 아이템. 부케 디자인은 10여 가지 정도로 다양하지만 일반적으로 원형이나 캐스케이드 등이 주로 사용된다. 요즘은 자연스러운 느낌의 다발형도 선호되는 추세다. 컬러는 역시 파스텔이 강세다. 아이보리 컬러와 핑크, 그린 컬러 등은 계절에 관

부케의 대표적인 스타일 4가지

원형|Round| 원형의 둥근 모양으로 구성된 부케로 가장 대중적인 사랑을 받고 있는 스타일이며 어떤 꽃으로 표현해도 무난하다. 귀엽고 심플하다.

타원형|Oval| 둥근 접시를 뒤집어 놓은 것처럼 만든 부케로 달걀 모양을 가지며 라운드와 캐스케이드의 혼합형 스타일이다.

폭포형|Cascade| 갈란드에 갈란드를 연결해 자그마한 폭포에서 물보라를 일으키며 떨어지는 아름다운 모습을 표현한 스타일로 줄기 그 자체의 꽃과 잎을 사용해 아름다운 선을 강조한다.

초승달형|Crescent| 곡선으로 만든 두 개의 갈란드를 중심 부분에서 서로 연결해 초승달형으로 만든 스타일이다.

계없이 무난하게 사용된다. 다양한 종류의 꽃을 이용
해 다양한 컬러와 느낌을 주는 혼합형의 부케도 세련된
느낌을 준다.

40 정중한 손님초대, 청첩장

결혼식에서 신랑신부가 더욱 돋보이는 것은 그들을 축하하기 위해 참석해 준 하
객들 때문인지도 모른다. 시간을 내어 결혼식에 참석해 주는 만큼 그들을 초대하
는 청첩장에는 정성과 감사함을 담는 것이 중요하다.

청첩장을 제작하고 발송하는 데 필요한 시간은 두 달 정도. 결혼식 두 달
전부터 시간적 여유를 가지고 준비를 시작한다. 청첩 준비의 시작은 하객 명단을
리스트업 하는 것. 직장 동료나 친구들의 수는 신랑신부가 체크하고 친척이나 어
른들은 양가 부모님이 그 수를 헤아린다. 청첩장은 리스트업 된 하객수보다 10%
정도 많게 제작한다. 리스트가 작성되면 디자인을 선택하는데 하객의 대부분이
부모님의 손님이라는 것을 감안해 부모님과 의논하는 것이 좋다. 청첩장은 결혼
식 2~3주 전에는 받아볼 수 있도록 발송한다. 격을 갖춰야 하는 어른에게는 직

접 찾아뵙고 전달하는 것이 좋고, 찾아뵐
여유가 없다면 미리 전화를 드린 후에 청
첩장을 발송한다.

청첩장에는 격식과 예를 갖춘 인사
말과 예식시간과 장소, 교통편, 부모님 성
함을 적는다. 봉투에는 부모님 성함을 쓰
는 것이 일반적이다. 혹 본인의 이름으로
보내야 할 경우가 생길 수 있으므로 빈 봉
투를 준비해 둔다.

41 축주 & 축가

아름다운 결혼식의 순간을 더욱 빛나게 만들어주는 것은 바로 축주와 축가다. 예식 내내 은은하게 깔리는 클래식 선율은 결혼식의 품격을 높여주며 마치 식사 중 와인처럼 분위기를 고조시킨다. 두 사람의 행복을 바라며 부르는 축가는 주인공인 두 사람뿐 아니라 하객들을 감동시키기에 충분하다. 이젠 예식에 있어서 선택이 아닌 필수가 되어가고 있다.

축주의 시작은 보통 결혼식 한 시간 전부터 시작된다. 일반적으로 예식 전에는 많은 사람들이 좋아하는 클래식 소품이나 팝송 등을 연주해 결혼식 분위기를 유도한다. 예시이 시작되면 가장 먼저 양가 어머니의 화촉 점화에 맞춰 곡을 연주하며 신랑 입장에는 엘가의 '위풍당당행진곡' 등의 빠른 템포의 경쾌한 곡을 연주한다. 한편, 신부 입장에서는 바그너의 '결혼행진곡'으로 진정한 결혼식의 시작을 알린다. 결혼식이 끝나 신랑신부가 퇴장할 때는 멘델스존의 '축혼 행진곡'을 연주한다.

예식 장소에 따른 연주 선택

실내 예식 가장 많이 하는 악기 편성은 피아노 3중주, 피아노 3중주와 성악가의 축가, 재즈 트리오이다. 공간에 제약이 있는 실내 예식에서 너무 많은 악기를 이용한 연주는 오히려 주위를 산만하게 할 우려가 있다. 피아노, 바이올린, 첼로 또는 피아노, 플루트, 첼로가 가장 이상적인 악기 편성. 그러나 좀 더 분위기 있는 축주를 원한다면 재즈피아노, 재즈플루트, 콘트라베이스의 트리오를 편성해 분위기 있는 재즈 연주를 감상할 수 있다.

야외 예식 야외라는 넓은 공간으로 인해서 축주가 모호하게 들릴 수가 있다. 때문에 전자 바이올린 3중주나 바이올린 1, 바이올린 2, 비올라, 첼로로 구성된 4중주 옵션이 뭉쳐진 느낌을 주며 모이기를 유도할 수 있다.

결혼식에서 축주가 예식을 진행시켜 주는 사회자의 역할이라면 축가는 신랑신부만을 위한 이벤트라고 할 수 있다. 일반적으로 축가는 평소 친분이 있던 지인에게 부탁하는 경우와 전문 축가 가수에게 부탁하는 경우가 있다. 친구나 친분이 두터운 지인이 직접 불러주는 축가는 신랑신부에게 몇 배의 감동으로 다가온다.

42 웨딩 카 장식

공항으로 가는 길에 꽃과 풍선으로 장식한 자동차를 보면 이제 막 결혼식을 끝내고 허니문을 향하는 행복한 신랑신부의 모습이 그려진다. 장식된 꽃만큼이나 그들의 인생도 아름답기를 기원하는 마음을 전한다. 사실, 웨딩 카에 꽃을 다는 이유도 그것을 보는 사람들의 마음과 다르지 않다. 신랑신부의 첫출발에 잡귀가 붙지 않도록 함과 동시에 행복을 기원하는 풍습에서 유래된 것이기 때문이다.

예전에는 웨딩 카를 이용하는 구간이 웨딩 홀과 공항까지로 제한적이었다. 하지만 요즘은 집에서부터 미용실까지, 미용실에서 웨딩 홀까지, 그리고 웨딩 홀에서 공항까지 이어지며 신랑신부를 에스코트한다. 특별하고 품격 있게 예식날을 맞이하고 마무리할 수 있다는 장점 때문에 신부들에게 선호된다. 전문 업체를 이용할 경우 수입 차부터 국산 대형차, 소형차까지 선택 가능하며 운전기사가 함께 서비스된다.

운전자가 있을 경우 직접 웨딩 카 장식도 시도할 수 있다. 웨딩 카는 보통 생화와 리본, 풍선 등을 이용해 장식한다. 생화를 이용할 경우 생기 있고 화사하며, 신선한 느낌을 줄 수 있다. 하지만 생화를 고정시키는 것이 쉽지 않아 고속으로 차를 운행할 경우 꽃이 훼손되기도 하는 단점이 있다. 때문에 생화와 고정하기 쉬운 조화를 함께 이용해 장식하는 경우가 많다. 주로 생화를 차의 앞부분에, 조화를 손잡이나 차의 트렁크 부위에 장식하는 경우가 많다.

43 리얼 웨딩드라마, DVD

한순간으로 지나치기 안타까운 웨딩 데이의 장면들을 영상미를 살려 담아내는 웨딩 DVD가 빠른 속도로 인기를 얻고 있다. 웨딩 DVD는 멀티미디어 시대에 걸맞은 영상 세대를 위한 웨딩 아이템. 단순 개념의 현장 스케치 개념을 넘어 연출력이 가미된 하이 퀄리티의 영상미를 자랑한다. 아직까지 웨딩 패키지의 필수 품목으로 자리 잡은 것은 아니지만 결혼식의 감동과 순간의 기쁨을 파노라마처럼 담아내는 DVD의 장점이 부각되면서 트렌드로 떠오르고 있는 것.

디렉팅력을 보유한 영상 전문 업체들이 담아내는 웨딩 DVD는 영상 처리, 적절한 BGM|Background Music|과 음향 효과까지 가미되어 웨딩마치를 울리는 신랑신부가 마치 드라마의 주인공이 된 것 같은 착각을 불러일으킨다. 결혼식 장면뿐 아니라 메이크업, 야외 촬영 영상과 스틸 컷, 친구와 지인의 인터뷰, 결혼식 에피소드, 두 사람의 러브스토리 등 훗날 소중한 기억들의 폭을 넓혀준다. DVD의 피날레 역시 크레딧을 자막 처리해 영화의 마지막 장면 같은 효과를 불러일으킨다. 또한 예비부부들의 유년 시절부터 현재의 모습을 담은 사진 속 모습들을 결혼 당일 영상으로 상영해 주기도 한다. DVD 최고의 장점인 인터렉티브 시스템은 원하는 구성에 따라 맞춤 제작도 가능하다.

44 테이블 데커레이션

자신의 결혼식을 특별하게 만드는 방법은 의외로 간단하다. 많은 비용을 들이지 않고도 하객들을 감동시키고, 예식을 품격 있게 만들어주는 테이블 데커레이션에 관심을 가져보자. 특히 요즘처럼 하객이 200여 명 내외 정도 되는 프라이빗한 예식인 경우 쉽게 시도할 수 있다.

네임 카드 | 초대한 하객 리스트를 가지고 하객들의 네임 카드를 만들어 좌석마다 배치해본다. 테이블이 한층 멋스럽게 연출되며 자신의 이름을 발견한 하객들도 감동하게 될 것. 익숙하지 못한 하객들은 약간 우왕좌왕 할 수 있지만 좌석 배치도를 미리 만들어 입구에서 안내한다면 훨씬 정돈된 상태에서 자리를 찾을 수 있다. 네임 카드를 만들지 못한 하객들이 있을 경우를 생각해 테이블 한두 개 정도는 공석으로 비워두고 즉석에서 네임 카드를 만들 수 있도록 준비해 둔다.

센터피스 | 테이블 가운데가 텅 비어있는 것보다 썰렁한 것은 없다. 꽃과 초를 이용한 센터피스는 예식에 가장 잘 어울리는 센터피스 아이템. 초콜릿이나 쿠키가 담긴 작은 상자를 여러 개 담은 볼로 센터피스를 대신해도 좋다. 테이블을 장식했던 초콜릿이나 쿠키 박스는 하객들에게 답례 선물로 줄 수도 있고, 박스 안에 행운 티켓을 넣어 이벤트를 벌일 수도 있다.

커버링 의자 | 의자 끝에 리본을 달아주거나, 꽃 몇 송이를 모아 달아주는 것만으로도 예식장의 분위기는 한층 업그레이드된다. 마치 특별한 대접을 받는 것 같은 인상을 하객들에게 줄 수 있다.

45 추억 남기기

프리저브드 플라워 | 결혼식에 들었던 부케를 영원히 간직할 수 있다면 결혼식날의 기억을 오랫동안 간직케 하는 메모리스 아이템이 될 것이다. 프리저브드 웨딩 부케는 특수 제조 기술을 이용한 반영구 플라워. 꽃잎의 조직은 그대로 살리면서 식물의 수액을 유기 보존액으로 바꾸어주어 오랫동안 생생한 모습 그대로를 유지한다.

캐리커처 청첩장 | 신랑신부 오직 두 사람의 모습을 담은 캐리커처 청첩장은 결혼식 후에도 추억을 되살리게 하는 아이템. 캐리커처를 시계나 쟁반, 혹은 타월에 새겨 하객들에게 감사의 뜻을 전하는 기프트 아이템으로 활용할 수 있다.

미니어처 웨딩드레스 | 결혼식날 입었던 웨딩드레스를 영원히 간직할 수 있는 방법이다. 사이즈만 1/30로 줄인 채 실제 웨딩드레스 디자인과 똑같은 웨딩드레스를 제작해 주는 것. 미니어처 웨딩드레스를 바비 인형에게 입힌 후 스탠드와 함께 장식하면 예식날의 모습을 항상 떠올릴 수 있다. 제작 가격은 15~20만 원선이며 제작 기간은 평균 7일 정도 소요된다.

결혼 예법

결혼이 쉽지 않다는 것을 깨닫게 되는 때가 바로 예단이나 예물을 준비할 때다. 정성껏, 성의껏
이라는 말로는 100% 해결되지 않는 그 무엇이 있기 때문이다. 형식이라고 치부해 버릴 수 없는
전통이지만 그렇다고 스펀지처럼 흡수해 무조건 받아들일 수도 없는 결혼 관습들. 예물이나 한
복 등을 포함한 넓은 의미의 예단과 폐백, 이바지, 함 등의 절차에 이르기까지 현명하고 지혜롭
게 대처할 수 있는 노하우를 공개한다.

46 예단의 의미

예단은 신부가 시댁에 들어가면서 인사의 예
로 마련하는 선물을 일컫는 말로 전통 혼례
에서 신부가 시댁에 드리던 비단에서 유래했
다. 정성껏 준비한 고운 비단과 시가의 다른
친지들에게 드릴 버선 몇 벌로 간소했던 예
단의 의미는 신부들이 결혼을 준비하면서 가
장 부담스럽게 생각하는 절차가 되었다. 예
단 품목도 이불과 반상기 등의 전통적인 아
이템에서 가전제품이나 상품권 등 실용적인

것들로 변화하고 있다. 예단 범위는 촌수에 관계없이 시댁의 친밀한 정도에 따라
의논해서 결정하는 경우가 대부분이다.

사실 예단에 관해 딱 부러진 공식은 없다. 하지만 예단금이나 품목을 책
정하는 가장 중요한 원칙은 성의껏 준비하는 것이며, 자신의 분수에 맞는 범위
내에서 결정하는 것이다. 돈이 부족하다고 빌리는 등의 무리는 해선 안 된다. 지
금 당장은 해결이 되는 듯 보이지만, 빚을 얻어 보낸 예단은 결혼 후에 두고두고
부담과 상처로 남을 수 있다. 예단의 본래 의미는 진정한 '마음의 인사' 라는 사
실을 상기하자. 예단은 얼마나 많이 보내느냐가 아니라, 얼마나 성의 있게 소신
껏 보내느냐가 중요하다. 기존의 관습에 주눅 들지 않으면서 지혜롭게 대처하는
현명함이 필요하다.

47 예단 보내기

보내는 시기 | 결혼식 올리기 한 달 전쯤에 보낸다. 그러나 현금으로만 준비할 경

우, 시댁 쪽에서 물품을 구입할 시간이 필요하기 때문에 이보다는 먼저 보내는 것이 좋다. 시기는 양가가 충분히 협의를 거쳐 시댁에서 원하는 시기에 맞춰 보낸다.

예단 범위 | 신랑의 직계 사촌에서 팔촌까지다. 하지만 요즘에는 시부모와 신랑의 형제, 그리고 신랑의 삼촌까지 준비하는 예가 많고, 그 수도 10명 안팎이 보통이다. 현금으로 예단을 할 때는 친척의 경우는 1인당 10만 원 정도 보내는 것이 좋고, 구두 티켓이나 상품권, 혹은 5~10만 원 상당의 은수저 같은 현물도 좋다. 직계 가족들은 현금 예단에 포함된 경우가 많으므로 준비하지 않아도 되지만, 보통 여자 형제를 위해서는 화장품 세트나 머플러, 남자 형제에게는 구두 티켓이나 와이셔츠와 타이 세트 등이 무난하다.

보내는 방법 | 예단은 신부가 직접 가지고 가는데, 오빠와 동생, 삼촌과 같은 직계 친척을 한두 사람 동반하는 것이 좋다. 현금 예단을 보낼 때는 백지나 한지로 속지와 봉투를 만든다. 속지 위에는 예단의 품목과 금액, 일시를 쓰고, ○○○[친정어머니 이름을 쓴다] 배상[拜上]이라고 적어 세 번 접는다. 그 안에 현금을 넣고 봉투에 넣어 보내면 된다. 돈은 빳빳한 신권을 준비하는 것이 예의다. 봉투 앞면에는 예단[禮緞]

예단비는 얼마?

만약 결혼 자금을 2,000~3,000만 원 정도로 예상한 예비 신랑신부들이라면 700만 원대가 가장 무난하다. 보통 70% 정도는 현금으로 준비하고 나머지는 시댁 어른들이 꼭 받기를 원하는 현물 아이템으로 대신하는 추세. 현금으로만 할 경우에 현금만 보내면 자칫 성의 없이 느껴질 수도 있어 은수저나 반상기 세트 정도는 준비한다. 700만 원을 보내면 200~300만 원 정도가 돌아오기도 하는데, 이것은 정해진 원칙이 있는 것이 아니고 집안 풍속에 따라 각기 다른 것이므로 신부 쪽에서 너무 기대하지 않는 편이 좋다.

이라고 쓰고, 봉투 입구는 봉하지 않고 봉투 입구에 근봉[謹封]이라고 쓴다. 이 봉투를 다시 녹홍 보자기에 싸는데, 만약 보자기가 없을 경우에는 녹색이나 홍색의 한지를 이용해도 된다. 예단 봉투와 보자기는 직접 만들어도 되고, 한복집에서 파는 것을 구입해도 된다. 현물 예단의 경우 품목별로 하나하나 싸거나 큰 가방에 넣어 들고 간다.

48 현물 예단의 기본

반상기 & 은수저 세트 | 현물 예단의 기본이 되는 것은 반상기와 은수저 세트, 그리고 이불이다. 현금 예단만 하는 경우에도 이 정도는 준비하는 게 한결 성의 있게 보인다. 반상기는 시부모님의 식탁에 오르는 것인 만큼 고급스럽고 실용적인 것으로 마련하도록 한다. 굳이 전통적인 느낌이 나는 것을 고를 필요는 없다. 세련되고 모던한

느낌의 실용적인 디너 세트 역시 예단용으로 각광받고 있다. 특히 맏며느리인 경우에는 신랑 측이 첫 혼사이므로 이런 기본 아이템을 꼭 챙겨 보내는 게 좋다. 예단용으로는 5첩이나 7첩 반상기 정도가 적당한데 최근에는 시어머니와 협의해 7첩 반상기 대신 실용적인 디너 세트를 보내는 경우도 많다.

침구세트 | 대표적인 예단 품목인 이불세트는 요와 이불 한 벌, 방석 2개, 베개 2개가 한 세트를 이룬다. 너무 고급스러운 소재는 세탁이 까다로워 사용하지 않고 묵혀두기 십상이므로 가급적 피하는 것이 좋다. 요즘은 침대 사용이 늘어남에 따라 예단도 전통적인 이불 · 요 세트보다 침대 세트가 호응을 얻고 있으며, 돌 침대를 사용하는 시부모님을 위해 양단 소재의 한실 웨딩 세트가 인기를 모으고 있다.

예단 떡과 편지 | 예단 들이는 날이면, 시부모님뿐 아니라 가까운 친척 어른들도 자리를 함께 하는 경우가 많다. 이렇게 여럿이 모인 자리에는 떡이 있으면 훨씬 좋을 것. 요즘은 예단용 떡을 별도로 만들어주는 떡집들이 많이 있다. 주문할 때 예단용이라고 언질을 주면, 알아서 맛깔스럽게 제작해 준다. 예단 편지는 시부모님에게 인간적으로 다가갈 수 있는 훌륭한 매개체다. 단순히 예단품만 전달하는 것보다 '감사합니다. 앞으로 열심히 살겠습니다' 라는 내용의 짧은 글을 함께 동봉해 보자. 비록 작은 것이지만, 그 어떤 예단 아이템보다 감동적일 것이다. 경우 바르고 예의 바른 며느리라는 칭찬도 보너스로 들을 수 있을 것이다.

49 웨딩 주얼리

다이아몬드 반지, 진주나 유색 보석 1세트, 시계. 요즘 흔히 볼 수 있는 결혼 예물 목록이다. 한때 다이아몬드 세트, 루비 세트, 에메랄드 세트 등 소위 3세트, 5세트가 예물의 기본으로 여겨지기도 했으나, 요즘은 여러 세트를 하기보다는 하나라도 실용적이고 제대로 된 것을 원하는 실속 경향이 강세를 이루고 있다. 다이아몬드 선호도가 부쩍 높아졌다는 점도 주목할 만한 트렌드다. 때와 장소에 구애

다이아몬드 선택 기준, 4C

중량|Carat| 다이아몬드의 무게. 1캐럿은 0.2g이다. 1캐럿은 10부라고 표기하기도 한다. 캐럿은 4C 중에서 가장 측정하기 쉬운 요소지만 투명도와 연마, 색상에 따라 그 가치는 차이가 난다.

투명도|Clarity| 다이아몬드의 특성에 따라 내포물을 함유하고 있다. 내포물이 적을수록 빛이 통과할 때 장애를 주지 않으므로 더 많은 빛을 발할 수 있다. 일반인의 눈으로 구별이 불가능하다.

색상|Color| 다이아몬드는 무색도 있지만 녹색, 청색, 적색, 노란색 등을 띠는 경우도 있다. 무색에 가까울수록 빛이 쉽게 투과되어 찬란한 무지개 빛을 발한다. 컬러리스 다이아몬드일수록 좋은 다이아몬드라 할 수 있다.

연마|Cut| 커트란 다이아몬드의 면과 면의 각도를 의미한다. 같은 모양의 다이아몬드라 해도 좋은 비율로 커트되면 더 많은 빛을 반사해 가치가 더 높다. 엑설런트, 베리 굿, 굿, 페어, 풀 커팅 등 5가지로 나뉜다.

받지 않고 늘 착용할 수 있는 무난한 디자인의 다이아몬드 세트를 기본으로 하되, 환금성이 보장되는 큰 사이즈의 외알 다이아몬드 반지를 구입하는 경향이 늘고 있다. 신부는 3~5부|0.3~0.5캐럿|, 신랑은 2~3부|0.2~0.3캐럿| 정도의 제품을 많이 선택한다.

　　결혼 예물을 고를 때는 유행을 타지 않는 심플한 디자인이 무난하다. 지나치게 유행을 좇아 구입한 디자인은 착용에 제한적일 수 있기 때문이다. 보석의 형태와 결혼반지의 디자인을 결정할 때는 라이프스타일도 고려할 필요가 있다. 매일 매일 착용해야 하는 반지의 경우 실용성이 강조되어야 하기 때문이다. 활동적인 일을 하는 여성이라면 끝이 뾰족한 페어형이나 마키즈형보다는 라운드형이나 브릴리언트형을 선택하는 것이 좋다. 착용감 또한 중요한 문제. 반지가 손가락 마디에 쉽게 미끄러져 들어가 손가락 아랫부분에 잘 맞는지 확인한다. 적어도 이쑤시개 하나 정도는 통과할 만한 공간이 있어야 착용감이 좋고 기후나 온도 변화에 대처할 수 있다.

50 혼례 한복 맞추기

혼례 한복은 크게 신랑신부 옷, 혼주 옷 등으로 나뉘는데, 신부의 한복으로는 관례복인 녹의홍상과 약혼복, 그리고 폐백옷으로 나눌 수 있다. 녹의홍상은 초록저고리에 홍색치마로 결혼식이 끝나고 폐백 할 때 원삼이나 활옷 인에 입는다. 특히 녹의홍상은 결혼한 새색시 한복

● 전통 한복 숍 화홍한복

으로 결혼한 후에도 집안의 행사에 입게 되므로 넉넉하게 품을 넣어 맞추는 것이 좋다. 또한 약혼복으로 많이 쓰이는 당의는 근래에는 결혼피로연 옷으로도 많이 쓰이고 있는 추세이다. 신부의 한복은 신랑 집에서 맞춰주고 신랑의 한복은 신부 쪽에서 맞춰주는데 보통 두루마기까지 준비한다. 폐백 옷은 수가 화려하게 놓아진 활옷을 입는데 요즘은 활옷 대신 원삼을 입는 사람들도 많아졌다.

혼주들은 기존의 한복을 입어도 무방하지만 양가가 함께 한복을 지어야 하는 경우 같은 디자인으로 배색을 달리하여 통일감을 주는 것이 보기에 좋다. 신랑 어머니는 푸른색 계통, 신부 어머니는 분홍색 계통을 선택하는 것이 일반적. 하지만 본인에게 가장 잘 어울리는 색상을 선택해도 무방하다. 최근에는 동색 계열의 치마저고리 대신 색다른 배색의 콤비 한복을 입는 경우도 많다. 양가 아버지는 결혼식장에서 주로 양복을 입지만 은은한 색감의 한복에 두루마기를 입는 것도 색다르고 기품 있어 보인다.

51 체형별 한복 맞추기

뚱뚱한 체형 | 뚱뚱한 체형은 저고리는 어깨를 분할해서 날씬해 보일 수 있는 삼회장저고리, 즉 깃, 고름, 곁마기, 끝동에 자주색 선을 둘러 작게 보이는 것이 좋다. 색상은 너무 진하거나 환한 것은 피한다. 당의를 입거나 상하의 색상을 달리하는 것도 체형을 작아 보이게 한다.

마른 체형 | 위아래 색상을 같은 색상으로 입어도 무방하다. 진한 색상은 더 야위어 보이게 하므로 화사하고 연한 색상을 선택한다. 저고리에 자수나 금박 등을

장식하면 마른 체형을 커버할 수 있으며, 치마의 폭을 넓게 하는 것도 한 방법. 문양은 작고 은은한 것으로 사용하며 너무 눈에 띄는 것은 피하는 것이 좋다.

키 큰 체형 | 위아래 색상을 달리해 입는 것이 분할의 효과가 있어 큰 키를 커버한다. 치맛단에 넓은 금박을 찍거나 색상을 달리하는 것도 한 방법. 저고리의 색상을 진하게 하고 치마는 엷은 색상을 입는 것도 좋은 방법이다.

키 작은 체형 | 키가 작은 사람은 장식을 되도록이면 피하는 것이 좋다. 치마저고리의 색상을 동일한 계통으로 선택한다. 짧은 고름은 키를 더 작아보이게 하므로 너무 짧지 않게 난다. 진한 색상보다는 엷은 색싱이 키를 커보이게 하고 큰 문양보다는 잔잔한 문양으로 장식하는 것이 좋다.

52 함의 의미

함은 전통 혼례의 네 가지 절차 중 하나인 납폐가 지금까지 이어진 것이다. 신랑 측에서 신부 집으로 보내는 감사의 표시라 생각하면 된다. 함 속에는 결혼을 허락해 준 데 대한 감사의 예로 올리는 혼서지, 음양의 결합을 뜻하는 청홍색 비단

한복 트렌드

최근 한복에 있어 눈에 띄게 달라진 것은 색상과 소재다. 색상은 몇 년 전부터 자연친화적인 웰빙 컨셉트에 맞추어 내추럴한 자연 색상이 인기. 소재 역시 매끈한 소재보다는 손으로 짜서 투박한 질감이 나는 것이 고급 소재로 인기를 끌고 있다. 그래서 결혼 한복도 예전의 눈부시게 환하고 매끄러운 한복보다는 맑고 투명한 자연스런 색상의 진달래빛, 개나리빛, 쪽빛, 옥색, 다홍색 등의 한복이 유행하고 있다.

저고리 각 한 벌, 5가지 곡식을 넣은 오곡 주머니, 신부를 위한 예물 등을 함께 보낸다. 하지만 지방마다 함 속에 넣는 내용물과 절차가 조금씩 다르므로 양가의 풍속을 알고 진행하는 것이 좋다.

함은 보통 오동나무나 자개함을 많이 쓰는데 요즘은 종이로 만든 지함을 쓰거나 신혼여행가방을 함 가방으로 대신 사용하는 경우도 많다. 함은 결혼 전날 저녁에 보내기도 하지만 대부분 결혼식 일주일 전쯤 보내는 것이 일반적이다. 함은 음양이 교차하는 시간인 해가 진 이후에 보내는 것이 관례이며 함진아비는 청사초롱을 들고 불을 밝히면서 신부 집으로 간다.

함은 신부의 부모가 받는 것으로 가능하면 한복을 갖추어 입고 신부의 아버지는 두루마기까지 입는다. 신부는 노랑저고리에 분홍치마를 입으며 신랑은 한복이나 양복 중 선택해 입는다. 함을 시루 위에 올려놓으면 신부의 어머니가 근봉을 풀고 함을 열어본다. 신부의 아버지가 혼서지를 꺼내고, 얼마간의 노자를 함진아비에게 전달한다. 봉치떡은 칼을 쓰지 않고 주발뚜껑으로 도려내어야 하며 신부에게 제일 먼저 먹인다. 떡에 든 찹쌀은 시어머니의 사랑을 비는 마음이고 팥은 잡귀를 물리친다는 의미가 있다.

한복 보관법

한복 소재인 실크는 습기에 약하고 얼룩이 생기기 쉬워 옷걸이에 걸어두면 색이 바래지고 깃의 형태가 망가지기 쉽다. 한복을 보관하는 가장 좋은 방법은 상자 안에 보관하는 것. 상자에 담을 때는 한복을 큼직하게 개켜두는 것이 포인트다. 여자 한복은 무게가 나가는 치마를 아랫부분에 두고 저고리를 위에 넣는다. 남자 한복은 두루마기를 맨 아랫부분에 놓는다. 금박 은박이 장식된 부위는 문양이 상하지 않도록 흰 종이를 포개어둔다. 개킨 한복을 한지로 한 번 두르고 방습제와 방충제를 함께 넣어두면 습기와 해충의 피해를 막을 수 있다.

53 폐백

원래 폐백이란 혼례식을 마친 신부가 신랑 집에서 첫날밤을 자고 그 이튿날 아침 일찍 시부모님께 처음으로 큰절을 올리는 의식을 말한다. 예전에는 신부 집에서 결혼식을 하고, 1~3일이 지난 후 신랑 집에 가서 친정집에서 싸준 음식을 차려놓고 큰절을 올렸지만 요즘은 간소화하여 결혼식을 치른 예식장에서 예식 후 바로 시부모님께 폐백을 올린다. 폐백을 올릴 때 신부는 치마저고리 위에 폐백 옷인 원삼을 입는데, 요즘은 원삼 대신 활옷을 입는다. 활옷은 대부분 예식장에서 대여할 수 있다. 폐백을 드릴 때는 먼저 병풍을 두르고 돗자리를 깐 후 가운데에 상을 놓고 방석 두 개를 놓는다. 상 위에는 홍색 면이 오도록 예탁보를 깔고 시아버지는 동쪽, 시어머니는 서쪽에 앉는다.

폐백 음식의 기본은 대추고임과 육포다. 이 중 대추고임은 시아버지께 드리는 전통 음식으로 자손을 번성케 한다는 의미를 담고 있다. 육포는 시어머니께 드리는 음식으로 부모님을 잘 공경하고 정성을 다해 모시겠다는 뜻으로 올린다. 전통적인 폐백 음식은 아니지만 여러 어른이 함께 드실 수 있게 폐백 상에 곁들이는 음식이 건구절과 전구절, 한과구절 등이다. 이 중 시아버지의 술안주용으로 건구절을 많이 올리는 편. 건구절에는 잣솔과 육포와 대추쌈, 인삼부각, 은행, 곶감, 어포 등이 사용된다.

54 폐백 절하기

절을 올리는 순서는 시조부모님이 살아있다 하더라도 시부모님이 가장 먼저 받는다. 이때 시아버지는 동쪽에, 시어머니는 서쪽에 앉는 것이 원칙이다. 예식장

에서 올릴 때는 보통 시아버님이 왼쪽, 시어머님이 오른쪽에 앉는다. 시부모님께 우선 절을 올리고, 시조부모님, 백숙 내외, 시삼촌, 시고모 순으로, 3촌에서 5촌 당숙 정도까지 예를 올린다. 같은 항렬인 형제자매, 사촌까지 인사를 하는데 절은 선후를 따져 맞절을 하면 된다. 상대가 항렬이 높더라도 나이가 같거나 아래면 맞절을 한다. 시동생이나 시누이는 항렬이 같지만 나이에 관계없이 제대로 맞절을 하고, 시아주버니나 손윗동서 역시 같은 방법으로 진행한다. 폐백 드릴 사람이 많으면 예의에는 어긋나지만 시간 관계상 여럿이 한꺼번에 절을 하기도 한다.

신부 폐백 절은 궁중가례 때 하던 큰절로 손의 높이는 코 선에서 수평으로 하고 고개는 5도 정도 어깨와 함께 굽힘으로써 눈썹 선에 오게 한다. 이때 오른손이 왼손 위로 가게 한다. 그런 다음 발바닥끼리 마주보게 조용히 앉은 후 무릎의 각도는 45도, 몸의 각도는 30도까지 되게 숙인다. 신랑은 절을 할 때 왼손이 위, 오른손이 아래가 되도록 한다. 맞잡은 두 손을 배꼽 위에 놓은 다음 왼쪽 무릎부터 꿇으면서 앉는다. 완전히 꿇은 상태에서 손을 바닥에 짚고 머리는 등과 수평이 되게 한다. 엉덩이는 포갠 발뒤꿈치 위에 붙인다. 일어날 때는 왼쪽 무릎, 오른쪽 무릎 순으로 일어나고 손은 그대로 내린다.

55 이바지

신혼여행에서 돌아와 친정에서 시댁으로 가는 딸에게 신부의 어머니가 만들어 보내는 음식이 이바지다. 이바지란 '정성 들여 음식을 준비하다' 는 뜻으로 음식을 정성껏 준비하듯 부모님을 잘 모시겠다는 의미를 담고 있다. 이바지 음식은 집안과 지방에 따라 조금씩 다르지만 전통적인 이바지는 한과나 약과 등 어른들의 입맛에 맞는 실속 있는 음식이다. 갈비찜이나 오색전, 생선이나 산적, 해물, 과일, 떡 등 화려하고 고급스러운 이바지 음식 등으로 격식을 갖추는 경우도 더러 있지만 요즘은 여러 가지 음식을 준비하기보다는 간소하게 떡과 과일, 한과세트 등으로 대신하는 경우도 늘고 있다.

이바지 음식으로 조리하지 않은 갈비나 굴비, 생선 등을 보내는 경우가 있는데 사실 예의에는 어긋난 일이다. 하지만 가족 수가 적어 바로 음식을 먹지 못할 경우가 많으므로 시어머니와 상의해 보내는 것이 좋다. 이바지 음식으로 밑반찬을 준비하는 경우도 많다. 이는 신부가 시댁에 간 첫날 아침 상을 차릴 때 다른 이의 도움 없이도 상을 차릴 수 있게 하기 위해서다. 이바지 음식은 정성이 중요하므로 음식의 맛 못지않게 포장에도 신경을 쓰는 것이 좋다. 과일은 고운 한지로 싸서 큰 과일바구니에 색을 맞추어 담는 것이 깔끔하고 보기에도 좋다. 아무리 예쁜 그릇이라도 플라스틱은 성의 없어 보이기 쉽다. 뚜껑이 있는 종이함이나 대바구니, 목기를 사용해 고급스러운 느낌을 준다.

part 8
건강한 결혼

wedding
planner

8

예단이나 결혼식 준비에 밀려 자칫 소홀해지기 쉽고, 그 중요성을 인정하면서도 미루기 쉬운 것이 건강이다. 또한 결혼 준비 스트레스로 인한 우울증으로 고생하는 신부들 역시 적지 않은 것이 사실이다. 그 어떤 명품 혼수보다도 큰 가치를 지니는 건강. 건강하고 행복한 신혼을 보내기 위해 건강과 관련된 필수 정보를 모았다.

56 결혼 전 스트레스

결혼 준비가 핑크빛 설렘과 기대감으로만 가득 차 있다면 좋겠지만 현실은 정반대인 경우가 많다. 20년 넘게 다른 생각을 가지고 살아온 남녀가 만나 결혼하는데 갈등과 마찰이 없다면 거짓말일 것. 가벼운 스트레스야 누구나 경험하는 통과의례이지만, 자칫 이런 생각이 '결혼을 안 하고 싶다' 라는 생각으로 발전하면 문제가 된다.

결혼 우울증의 가장 큰 원인은 불안감이다. 미래에 대한 두려움, 결혼 준비 과정에서 생기는 성격 차이, 경제적 어려움, 양가 부모님과의 의견 충돌 등 불안한 감정을 유발하는 요소는 얼마든지 있다. 그렇지만 이 중 가장 큰 문제는 배우자에 대한, 그리고 배우자의 사랑에 대한 불확실성이라고 할 수 있다.

사실 연애 기간에는 연인이라는 포장된 상태로 접촉하기 때문에 서로의 진짜 모습을 보는 데는 한계가 있다. 그러나 본격적인 결혼 준비 과정에서는 서로의 스타일과 정서의 차이가 극명하게 드러나게 된다. 결혼식장 선택, 주례자 선정, 예단 문제, 남녀 역할 분담에 관한 보수적인 태도 등 여러 가지 문제들을 처리하다 보면 서로 의견이 맞지 않아 갈등이 생기곤 하는데, 상황이 심각해지면 배우자에 대한 믿음까지 흔들어 놓는다. 이러한 문제들은 잘 풀어 나가면 두 사람의 애정을 굳건하게 하는 계기가 되지만, 그렇지 못할 경우에는 두 사람 사이에 금이 가게 하는 원인이 될 수도 있다. 결혼 준비를 하면서 생기는 오해나 문제들을 상대에게 숨기기보다는 정확하게 전달함으로써 갈등의 여지를 사전에 방지하는 것이 가장 현명하다.

57 우울증 극복하기

결혼 우울증을 극복하기 위해서는 우선 긍정적인 마음가짐을 가져야 한다. 결혼 스트레스는 누구나 경험하는 것, 보다 행복한 결혼 생활을 위한 필수 관문이라고 생각하자. 상대방과 충분한 대화를 나누는 것도 중요하다. 마찰과 갈등의 소지가 생길 때면 피하지 말고, 상대방에게 본인의 감정 상태를 솔직히 털어놓고 둘이서 문제를 해결해 간다면 서로의 사랑을 확인하는 계기로 삼을 수 있다.

결혼 스트레스는 스스로 발생시키는 경우보다 예비 남편이나 시댁과의 갈등에서 비롯되는 경우가 많은데, 이럴 때 상대의 기선을 제압하려고 하면 애정 전선에 문제만 발생한다. 갈등을 최소화하기 위해서는 배우자가 중요하다고 생각하는 부분을 과감하게 양보하고, 대신 자신이 원하는 부분의 지지를 이끌어내는 윈윈 작전을 펼치는 게 현명하다. 스트레스의 원인을 분석해 보는 것도 도움이 된다. 우선 자신과 상대의 장·단점을 스스럼없이 노트에 적어보자. 하나하나 적다 보면 상대와 나를 보다 깊게 들여다볼 수 있는 계기가 된다. 그리고 보다 세밀하게 나눠 이 중 고칠 수 있는 것과 고치지 못하는 것, 다툼이 있을 부분까지 적고 상대방의 입장에서 왜 고칠 수 없는지, 또는 어떻게 고쳐야 하는지를 생각해 보도록 한다. 이런 식으로 문제점을 찾다 보면 해결점도 생겨날 것이다.

58 결혼 전 받아야 할 검사

건강 검진이 임신과 출산을 준비하는 신부를 위한 것이라고 생각한다면 큰 오산이다. 결혼할 배우자와 양 가족의 질병력을 알아보는 것이 무엇보다 중요한데 가족 중에 유전성 질환이나 만성질환을 앓은 사람은 없었는지, 태어날 때 별다른 문제는 없었는지 등을 상의해 가며 가계도를 만들고, 받아야 할 검사 항목을 작성해 본다.

병원에서 받을 수 있는 가장 기초적인 검사로는 혈액 검사와 소변 검사, 흉부 방사선 촬영 등이 있는데 임신이 예상되는 예비 신랑신부는 추가적으로 몇 가지 검사를 더 해두는 것이 좋다. 간염이나 풍진, 매독과 같은 전염성 질환은 보균자의 경우 겉으로 증상이 드러나지 않아 자신도 모르는 사이에 태아에게 좋지 않은 영향을 미치기 때문이다. 자궁근종, 자궁내막증, 난소낭종 등 임신

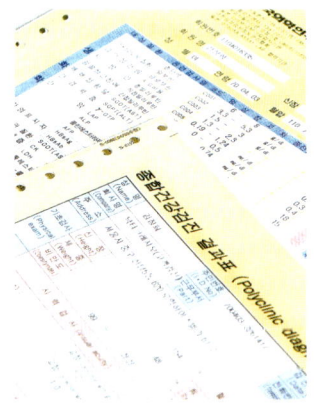

을 방해하는 부인과 질환 여부를 미리 확인할 수 있는 복부 초음파 검사와 유방암 검진도 만혼 신부라면 체크해 볼 필요가 있다. 예비 신랑의 경우 정액 검사와 성병 진단은 필수다. 남성의 성병 감염은 불임으로 이어질 확률이 높고 배우자에게도 전이되어 자궁, 난소 등에 염증과 함께 치명적인 불임을 일으킬 수 있으므로 철저하게 검사하는 것이 좋다.

건강 확인서 교환

결혼은 두 사람의 개인이 하나의 가정으로 거듭나는 과정. 따라서 결혼 후의 건강 상태는 더 이상 혼자만의 문제가 아니다. 결혼 전 서로의 건강을 체크하고 집안의 병력을 확인하는 일은 지극히 당연한 절차. 상대를 믿기에 결혼하는 것이지만 중요한 것은 자신도 모르게 불임, 성병, 혹은 결혼 후 기형아 출산 등으로 두 사람의 고통을 넘어 가족 전체의 불행으로 치닫는 경우가 적지 않기 때문이다. 결혼 2~3개월 남겨놓은 시점에서 건강 진단을 해보는 것이 적당하다.

59 건강 체크 Q & A

Q 혼전 검사와 산전 검사의 차이는?

A 산전 검사에 비해 혼전 검사가 항목수도 적고 검사 내용도 일반적이다. 영양 상담이나 혈액·혈압 검사, 청력, 시력 등은 기본으로 하고 그 외에 풍진 검사 등의 옵션 사항 등을 정해 놓는다. 이에 비해 산전 검사는 정자 검사, 유방 검사, 자궁 정밀 검사 등 임신을 계획하고 있음을 전제로 태아와 산모, 임신 과정 등에 직접적인 영향을 미칠 수 있는 검사들로 구성된다.

Q 가장 편리하게 받을 수 있는 방법은?

A 일정 금액, 일정 항목의 종합검진을 받는 것이 가장 편리하다. 건강 검진 전문 병원에서 받을 수 있기 때문에 보통 한나절 만에 끝날 수 있고, 결과도 1~2주일 안에 받아볼 수 있다. 동네에 있는 진단방사선과 등에서도 기본적인 검사를 받을 수 있다. 종합검진 상품의 경우 병원마다 차이가 있지만 동네 병원이나 종합검진 전문병원을 이용하는 경우 30~50만 원선. 풍진, 성병, 에이즈 등의 검사는 보건소에서 무료 또는 3만 원 미만으로 받을 수 있다.

부모님 감사 선물 제안, 건강 검진

건강을 위해 보조 약이나 실내 운동 기구를 사드리는 것도 좋지만, 부모님의 나이를 생각해서라도 정확한 건강 진단을 받게 해 드린다면 이보다 좋은 선물도 없을 것이다. 각 대학 병원이나 건강 검진 전문병원에서 신체 계측, 기초 혈액 검사, 심전도, 흉부 촬영, 폐 기능 검사와 복부 초음파, 위장 검사가 포함된 기본 건강 진단을 선보이고 있다. 대략 2시간 정도 소요되며 30~60만 원 정도의 비용이 든다. 한국건강관리협회에서 운영하는 종합검진센터에서는 20만 원 정도면 검진이 가능하다.

Q 임신하고 애완동물을 집에서 길러도 되는지?

A 특히 고양이를 기르는 가정에서는 임신 전 톡소플라즈마균 검사를 받는 것이 좋다. 고양이의 배설물에 기생하는 톡소플라즈마균의 알이 산모의 인체에 들어가면 뇌에 이상이 있는 아이가 태어나거나 사산할 가능성이 있기 때문이다.

60 치아 관리

구강 검진도 결혼 전 미리 챙겨야 하는 것 중 하나다. 건강한 치아는 훌륭한 혼수이자 매력 포인트가 된다. 배우자에게 사랑을 표현할 때 입 속 건강은 눈만큼이나 중요한 법. 웃을 때 충치가 보인다든가 치아가 누렇다면 배우자의 아름다운 미소를 희석시켜 버릴 것이고, 얼굴을 맞대고 속삭일 때 입에서 악취가 난다면 달콤함이 불쾌감으로 변할 것이다.

치과 치료는 임신을 위해서도 중요하다. 임신 중에는 호르몬의 변화로 치은염이 잘생기고 입덧 때문에 입 안이 쉽게 불결해지기 때문. 또한 임신을 하면 약물 복용에 세심한 주의가 필요하고 방사선 사진 검사나 치과 치료도 어려워 미리미리 철저한 준비를 해야 한다. 많은 임신부들이 사랑니 염증이나 심한 충치로 고생하면서도 약물 사용을 우려해 적절한 치료를 받지 못한 채 증상을 악화시키는 것도 이 때문이다.

더구나 출산 후에는 치아나 잇몸이 더욱 약해진다. 따라서 결혼 전에 구강 검진을 통해 불필요한 사랑니를 모두 뽑고 충치 및 잇몸 질환을 미리 치료하는 게 좋다. 아울러 매력적인 미소와 깨끗한 결혼사진을 원한다면 치아 미백, 스케일링도 고려해 볼 만하다. 치과적 웨딩 케어는 일정 정도의 시간을 필요로 하므로 최소한 결혼 1~2개월 전에는 검진을 받고 전문의와 상담하는 게 좋다.

61 여성 피임법

먹는 피임약 ㅣ 성관계가 빈번한 신혼부부, 생리 주기가 불규칙하거나 콘돔에 거부 반응을 보이는 커플에게 효과적인 피임법이다. 먹는 피임약은 복용법을 제대로 지켰을 경우 피임 성공률이 98~99%에 이른다. 그렇지만 매일 같은 시간에 복용해야 하는 번거로움과 부작용이 단점. 메스꺼움과 출혈, 두통 등의 부작용을 동반하기도 한다. 생리 첫날부터 매일 1정씩 21일간 복용하고 7일[생리 기간] 동안 복용을 중단한 뒤 8일째부터 다시 복용한다.

자연 주기법 ㅣ 임신이 될 수 있는 며칠 동안만 성관계를 하지 않는 방법이다. 자연적인 피임법이기 때문에 기구나 수술이 필요 없이 달력과 체온계만 있으면 가능한 방법. 생리 주기만 확실하다면 부작용도 없이 편리하다. 달력을 이용하는 방법이 가장 보편적이며 기초체온을 재거나 질로 분비되는 점액의 양상을 관찰하는 방법도 있다. 다음 주기의 월경 시작일을 예측한 후 거꾸로 14일을 뺀 날이 배란일이다. 난자가 나팔관 내에서 살아있는 1~2일과 정자가 질 내에서 살아있는 2~3일을 감안하며 1주일 정도는 성관계를 피한다. 실패율이 가장 높고 매일 매일 신체 상태를 체크해야 하는 번거로움도 있다.

자궁 내 장치 ㅣ 장기 피임을 원하는 신혼부부라면 루프나 황체호르몬을 함유한 미레나를 고려해 보자. 생리가 끝난 직후 시술 받으면 되는데, 3년에서 5년간 효과가 지속된다. 임신을 원할 때는 언제든지 제거가 가능하다.

62 남성 피임법

콘돔 | 가장 간단하고 저렴한 피임법인 콘돔은 장기 피임을 하지 않는 신혼부부에게 추천할 만하다. 남성이 발기된 페니스에 직접 씌워야 하는 불편과 성감이 둔해지는 단점이 있지만, 파손이나 미숙한 사용만 없다면 거의 99%의 피임률을 보장받을 수 있다. 콘돔은 보통 편의점이나 약국에서 판매하는데, 독특한 콘돔을 원한다면 성인용품 전문점을 찾는 것이 좋다. 천연 고무 라텍스에 알레르기를 보이는 사람은 알레르기 방지 기능이 있는 콘돔을 사용하는 것이 좋다.

질외 사정법 | 남성이 하는 피임법 중 가장 단순하고 자연스럽지만 그만큼 실패율이 높은 방법이다. 별도의 피임 준비가 필요 없고 인제나 바로 성관계에 돌입할 수 있어 편리하지만 사정을 잠기 위해 신경을 써야 하고 오르가슴을 느끼기 전에 페니스를 빼내야 한다는 강박관념은 즐거운 섹스에 방해가 되기도 한다. 무엇보다 사정 시기를 조절하지 못하는 것이 실패의 가장 큰 요인. 15% 정도의 실패율을 보인다.

정관 수술법 | 한 번 시술로 피임 효과가 영원히 지속되고 시술 자체도 간단하여 10분 정도면 시술을 끝낼 수 있다. 비용 역시 부담이 적고 시술시 고통이나 불쾌감이 없다. 임신을 원할 경우 복원수술도 가능하다.

part 9

신혼집 구하기 & 인테리어

9

결혼을 준비하는 예비 커플에게 가장 많은 시간과 노력을 요구하는 것이 바로 신혼집 구하기와
꾸미기가 아닐까. 후회하지 않는 선택을 위한 신혼집 선정 방법부터 집 꾸밈의 기초 단계, 그리
고 아늑하고 사랑스러운 둘만의 공간을 위한 인테리어 노하우를 소개한다.

63 신혼집 구하기 5단계

위치 | 직장과 양가의 위치, 부부의 선호도를 고려해 지역을 선정하도록 한다. 만약 두 사람의 직장이 반대 방향이라면 어느 한쪽으로 치중해 한 명이라도 시간을 절약하고 이에 따라 적절히 가사를 분담하는 것이 현명하다.

주거 형태 | 두 사람의 자금 여력을 객관적으로 검토한 후 본인들이 가진 자금, 부모님들의 지원금, 대출 등을 모두 고려해 예산을 확정한다. 예산에 따라 구입할 것인지, 임대할 것인지를 결정하고 주거 형태 – 아파트, 빌라, 원룸, 단독주택 – 를 선택한다.

생활 편의 시설 | 지역과 주거 형태가 결정되면 주변 시설 및 편의 시설을 고려해 신혼집으로 적당한 몇 군데를 후보로 뽑는다. 시장이나 대형 쇼핑센터, 은행, 병원, 관공서 등 생활에 편리한 시설들이 10분 거리 내에 위치해 있는지 확인하도록.

내부 | 마음에 드는 곳이 있다면 직접 방문해 집 안을 꼼꼼히 살펴보자. 채광과 환기는 좋은지, 난방 시스템은 효율적인지, 프라이버시 침해나 방범 시설 미비 등은 문제가 없는지를 체크한다. 실내를 볼 때는 방과 거실, 욕실, 부엌의 크기와 위치, 다용도실의 유무, 창문의 위치와 크기, 벽의 두께, 조명 기구의 위치와 밝기 등도 함께 살피도록 한다.

재테크 | 신혼집은 향후 재테크의 기반이 된다는 점에서 신중한 선택이 요구된다. 평수가 좀 작더라도 역세권이나 교통편이 다양한 주택이 매도할 때 여러모로 유리하다. 또한 신규 아파트는 노후 아파트와 가격차가 커지는 추세이므로 조금 부

부동산 정보 수집 방법

부동산 전문지 원하는 지역의 임대물건 가격을 정확하게 알 수 있고 여러 지역의 물건을 비교할 수 있다. 최근 부동산 시장의 움직임과 가격 동향, 새로운 정책, 법률, 제도 등의 변화를 한눈에 파악할 수 있다.

인터넷 가장 신속하게 임대물건과 임대료를 한눈에 볼 수 있다. 인터넷을 통해 부동산 세무나 법률 상담을 무료로 받을 수도 있다.

생활정보지 생활정보지에 게재된 매물의 가격은 대개 집주인의 호가이기 때문에 정확한 시세가 반영되었다고 할 수 없다. 반드시 주변 시세와 비교해 보아야 한다. 또한 물건의 하자를 발견하지 못할 가능성이 있으므로 계약 시 꼼꼼한 체크가 필요하다.

담되더라도 신규 아파트를 분양받거나, 입주한 지 1~2년 된 아파트를 구입하는 것이 좋다.

64 계약 시 확인 사항

등기부등본 확인 | 집을 계약하기에 앞서 등기부등본에 가압류, 근저당권, 저당권 등이 있는지 확인해야 한다. 갑구에 기재된 가압류, 압류, 가등기, 경매, 예고등기 등 소유권에 영향을 줄 수 있는 내용을 체크하고, 을구에 기재된 근저당, 저당

권, 전세권 등의 소유권 이외의 권리가 등기되어 있는지 본다. 은행 대출 등을 통한 근저당 금액과 먼저 입주해서 살고 있는 전세자의 전세금을 합한 금액이 아파트의 경우 60%, 단독 주택의 경우 50%가 넘는다면 계약하지 않는 편이 안전하다. 중도에 무슨 일이 생길지 모르니 등기부등본은 계약 직전, 중도금 치를 때, 잔금 치를 때, 전입신고 직전에 한 번씩 챙겨봐야 한다.

확정일자 & 전입신고 | 계약은 본인과 하도록 하고, 대리인일 경우 집주인 인감증명서가 첨부된 위임장이 있는지 확인해야 한다. 도배, 장판 등의 합의 사항을 포함해 공과금 해결, 관리비 문제 등 각종 특약 사항까지 계약서에 기입을 하는 것이 좋다. 만일을 대비해 잔금 지급 시까지 저당금, 전세권, 가등기 등의 하자가 발생하면 임대차 계약을 해약한다는 내용을 명시한다. 계약 후에는 보증금을 보장받기 위해서 동사무소에 가서 전입신고와 함께 계약서에 확정일자 날인을 받아야 한다. 이 두 가지 요건을 모두 충족해야 우선변제권|후순위 담보권자보다 우선해서 변제받을 수 있는 권리|을 행사할 수 있기 때문이다.

65 입주 전 체크 리스트

침실 | 문 열림의 부드러운 상태, 창문 열림의 부드러움과 창문 잠금장치, 채광과 환기, 방바닥 요철 여부와 도배장판의 접착 상태, 곰팡이 핀 여부 확인.

거실 | 가전제품을 위한 콘센트, 에어컨과 실외기를 연결하는 에어컨 배관용 구멍, 비디오폰과 스피커 위치 확인, 거실 바닥의 요철.

베란다 | 세탁물 건조대와 에어컨 실외기 공간 파악, 콘센트와 배수구 확인, 벽과 천장면 도장의 마감 상태.

현관 | 신발장 크기 및 공간 확인, 파손 상태 확인, 신문 투입구 크기와 상태, 도어록 작동, 타임스위치 작동, 모니터 및 감지기 상태.

욕실 | 수도관과 배관시설, 전기 콘센트의 물기로 인한 감전 위험 여부, 헤어드라이기 등 욕실용 전기 제품 가능 여부, 세면기와 변기 상태, 거울과 수건걸이, 휴

지걸이 등 상태, 바다 타일 상태와 배수 문제 확인.

주방 | 냄새 배출 상태, 전자 제품 사용 공간 체크, 벽지와 벽타일 상태 확인, 레인지 후드의 환기성, 싱크대 상태, 수도꼭지 상태와 물 빠짐 여부를 체크.

66 집 꾸밈 순서

컨셉트 정하기 | 두 사람의 취향, 평소 생각 등을 정리해 전체적인 분위기를 결정한다. 신혼집 인테리어로 가장 인기 있는 스타일은 로맨틱과 내추럴. 이 외에도 경쾌한 원색 컬러를 이용한 캐주얼 스타일, 동양적인 디테일과 소재를 이용한 오리엔탈 스타일, 고가구와 레이스 패브릭을 이용한 앤티크 스타일 등 개성에 따라 다양한 집 꾸밈을 연출할 수 있다.

예산 짜기 | 집 꾸미기에 필요한 목록을 작성하고 우선순위를 정해 예산을 분배한다. 결혼 전 사용하던 물건의 재활용 여부와 친구에게 선물 받을 리스트, 비용을 절감할 수 있는 대안 등도 함께 생각해 본다.

공사 계획하기 | 인테리어 공사는 시공 방법이나 자재, 디자인에 따라 비용이 천차만별이다. 공사를 시작하기 전에 내 집인지 전세인지, 혹은 몇 년 정도 살 것인지를 충분히 검토해 공사 계획을 잡도록 한다. 전세 집이라면 최소한의 비용으로 쾌적한 공간을 만드는 것에 중점을 두고, 내 집이라면 장기적으로 여유 있게 개조 공사를 생각해 보는 것도 좋다.

도배 및 바닥재 시공하기 | 벽지는 큰 면이 되도록 펼쳐보고 결정해야 시공 후 후회가 없다. 도배를 해 놓은 자료 사진을 참조하는 것도 좋은 방법. 바닥재는 벽지보

다 한 단계 어두운 톤으로 시공하되, 때가 잘 타지 않는, 청소가 쉬운 재질로 고려해 선택한다.

패브릭 & 소품 고르기 | 커튼과 같은 넓은 부위를 차지하는 것은 집 안 분위기에 맞춰 무난한 색으로 선택하고, 쿠션이나 테이블보 등과 같은 작은 소품은 악센트를 줄 수 있는 컬러나 디자인을 선택해 개성을 표현한다. 인테리어 소품은 가구와 어울림을 고려하고 지나친 장식성보다는 실용적이고 기능적인 것을 고르는 것이 후회가 없다.

67 효율적인 짐들이기

청소 | 짐들이기 전 청소는 기본. 청소기로 먼지를 제거하고 벽의 얼룩은 지우개나 치약을 묻힌 천으로 닦아준다. 욕실과 주방을 포함해 좀처럼 청소하기 힘든 문, 창틀, 싱크대 등도 미리 묵은 청소를 해둘 것. 안전사고 방지를 위해 누꺼비집도 점검하도록 한다.

배치도 작성 | 짐은 하루나 이틀에 걸쳐 들여와 정리하는 것이 편리하므로 물건 구입 시 한 날짜에 맞춰 예약해 두는 것이 좋다. 어떤 물건을 어디에 둘 것인지 상세하게 배치도를 그려두면 허둥대는 일을 막을 수 있다.

전기와 전화배선 확인 | 가구와 가전을 배치할 때 배선과 너무 동떨어져 있거나 여러 전선이 복잡하게 엉켜있으면 미관상 보기 좋지 않다. 짐을 들인 후에는 멀티 코드를 이용해 정리하고 콘센트와 기기 사이를 남겨두고 묶어준다. 에어컨 설치 구멍은 미리 집주인과 상의해서 설치하도록 한다.

경로 확보 | 현관을 통해서 할 것인지, 베란다를 통해서 할 것인지 짐을 들이는 노선을 파악해 장애물을 제거해 둔다. 문턱이 있는 집이라면 바닥과 문턱에 두꺼운 박스와 신문지를 깔아 바닥이 벗겨지는 것을 방지한다.

큰 짐과 새 짐 먼저 | <u>큰 짐에서 작은 짐으로 옮겨가야 일하기가 수월해진다.</u> 부피가 큰 가구부터 자리를 잡은 후, 커다란 가전제품을 배치한다. 그 다음에는 콘솔이나 전자레인지 같은 소형 가구, 가전의 자리를 잡고 작은 인테리어 소품으로 코디한다. 가구와 가전제품을 들일 때 멀티코드와 기본적인 공구를 준비해 두면 수월하게 연결을 마무리할 수 있다.

68 공간 활용 수납 아이디어

같은 공간이라도 집 안 살림을 어떻게 수납하느냐에 따라 공간이 2배는 넓어 보인다. 한정된 공간을 효율적으로 사용하려면 다용도 가구와 수납 도구, 자투리 공간 활용이 필수.

좁은 신혼집의 경우 장롱, 침대, 거실장 등 기본적인 아이템만으로도 공간이 꽉 차므로 아이디어 가구를 구입하는 것이 좋다. 서랍 달린 침대나 침대 겸용 소파, 다용도로 이용할 수 있는 박스 가구, 바퀴 달린 가구 등 작고 이동이 간편한 가구를 고르도록 한다.

수납 가구가 충분한데도 공간이 산만하고 지저분해 보인다면 이는 수납 도구를 제대로 이용하지 않았기 때문. 박스나 바구니, 수납 주머니 등을 이용해 품목을 일정하게 정리하면 살림살이가 한층 깔끔해지는 효과를 얻을 수 있다. 또한 침대 밑이나 장롱 위, 가구와 가구 사이 등 집 안 곳곳을 살펴보면 아무런 용

> **포인트 벽지 고르기**
> 공간에 생동감을 더하는 포인트 벽지는 밋밋한 화이트 톤의 신혼집에 응용하면 좋은 인테리어 아이디어다. 포인트 벽지를 고를 때는 집 안 전체의 인테리어와 잘 어울리는지를 우선적으로 고려해야 한다. 바탕 벽지는 물론 커튼, 침구, 소파 등 패브릭 컬러와의 궁합을 체크해야 하는 것. 전체적으로 신혼집이 로맨틱한 분위기라면 꽃무늬 벽지가, 모던한 분위기라면 기하학적인 무늬, 팝아트 풍의 무늬, 스트라이프 무늬가 잘 어울린다. 포인트 주기 좋은 벽면으로는 소파 뒤 벽과 현관 벽, 안방의 침대 헤드 벽, 주방의 빈 벽 등이 있다.

도로 사용되지 않는 자투리 공간을 찾을 수 있는데 그곳에 수납 박스나 바구니를 배치하면 수납공간을 확보할 수 있다.

집에서 가장 많은 공간을 차지하면서도 활용도는 가장 낮은 벽 또한 훌륭한 수납공간이 된다. 가장 쉬운 활용법은 벽걸이 선반이나 장식장을 이용하는 것. 벽에 칸칸이 신반을 만들거나 독특한 모양의 징식징을 이용하면 다양힌 생활용품을 수납할 수도 있고 밋밋한 벽에 입제감을 쥐 공간에 포인트를 주는 인테리어 효과도 동시에 얻을 수 있다.

69 신혼집 로맨틱 인테리어

화사한 파스텔컬러와 꽃무늬, 하늘하늘한 레이스…. 보기만 해도 사랑스러운 로맨틱 스타일은 신혼집을 꾸미는 신부리면 한번쯤 꿈꾸는 인테리어다. 로맨틱 데커레이션에서 절대적인 비중을 차지하는 것은 패브릭과 가구. 인테리어 초부자라면 은은한 파스텔 계열의 꽃무늬 패브릭에 화이트 기구를 메치해 공

간을 밝고 화사하게 꾸밀 것을 권한다. 레드나 핑크, 바이올렛 중 메인 컬러를 한 가지 정하고 스트라이프와 플라워 패턴을 믹스하는 것도 좋은 방법. 너무 많은 컬러를 믹스하면 공간이 산만해지기 때문에 메인 컬러가 정해지면 '톤 온 톤'의 개념으로 같은 계열의 색상을 사용해 공간을 안정감 있게 꾸미는 것이 좋다. 벽지와 바닥재는 어둡고 무거운 느낌보다는 밝고 따뜻한 느낌의 소재를 선택해 소프트하게 정돈된 느낌을 줄 것.

신혼다운 낭만적인 무드를 고조시키려면 다양한 인테리어 소품 활용에 도 신경을 써야 한다. 비즈나 크리스털, 레이스 등을 이용한 스탠드, 액자, 거울 등을 이용하면 공간을 한층 사랑스럽게 표현할 수 있다. 소품은 크기가 작은 것을 여러 개 늘어놓는 것이 포인트. 조명 또한 직접 조명보다 간접 조명이 부드러움을 표현하는 데 효과적이다. 침실이나 거실, 현관 입구에 작은 샹들리에를 설치하면 로맨틱한 분위기를 높일 수 있다.

70 앤티크로 멋 내기

신혼집은 공간도 충분하지 않을 뿐 아니라 실제 앤티크 가구와 소품으로 공간을 채우려면 그 비용도 만만치 않다. 또한 집 안 전체가 앤티크로 꾸며졌을 경우 너무 중후해진다는 단점도 있다. 장롱이나 침대 등 볼륨감 있는 가구보다는 사이드 테이블이나 촛대, 벽걸이 접시 등 포인트 아이템으로 앤티크 분위기를 살리는 것이 포인트. 모던하고 현대적인 분위기와 앤티크의 조화가 멋스럽다는 것을 발견할 수 있다.

의외로 앤티크한 느낌의 사이드 테이블은 모
던한 분위기의 침대나 소파와 잘 매치된다.
유럽 가정에서 흔히 볼 수 있는 벽걸이 접시
를 응용하는 것도 좋은 방법. 핸드페인팅 한
장식 접시를 4~6개 정도 일정한 간격을 두
고 벽에 걸어두면 인테리어 효과로 만점이
다. 로맨틱한 분위기의 앤티크 촛대 하나만
으로도 식탁의 분위기가 달라진다. 깔끔한
화이트 접시로 세팅한 테이블 중앙에 앤티크
한 촛대 하나만 올려두어도 품격 있는 분위

● 인테리어 숍 오다

기가 완성된다. 방 한쪽에 놓는 앤티크 의자도 소품으로 그만이다. 모던한 가구
나 화이트 컬러의 가구들과 의외로 잘 어울리며, 분위기를 은은하고 고풍스럽게
만들어준다.

앤티크 구별법

제뉴인 말 그대로 100년 이상의 역사를 가진 진품을 말한다. 가격이 만만치 않고 수량도 적다. 손때
가 묻어 반질반질하고 보관 상태가 좋은 제품이 많다.
리프로덕션 제뉴인을 모방해서 만든 현대 가구.
페이크 소비자가 진짜라고 믿고 사게끔 만들려는 의도로 만들어진 모조품. 오래된 것처럼 보이려고
일부러 낡은 느낌을 준 제품들이 많다.

예산, 신혼집의 크기와 구조, 제품의 기능, 용도, 라이프스타일, 취향과 취미, 앞으로의 계획 등 예비 커플이 혼수를 구입할 때 고려해야 할 사항은 실로 무궁무진하다. 따지기 시작하면 끝도 없고 고르기 힘든 게 혼수 쇼핑이지만 몇 가지 중요한 사항만 정리하면 그리 어려울 것도 없다. 가구, 가전, 침구, 그릇 등 품목별로 나누어 본 똑똑한 바잉 포인트.

71 혼수 가전 구입

필수 가전은 제대로 사라 | 원래 혼수에서 가장 큰돈 드는 게 가전 품목이다. 예산이 부족하다면 선택과 집중의 원리에 충실한다. 중요하다고 생각되는 품목을 정해 집중 투자하고, 나머지는 좀 저렴한 기획 상품을 선택하는 것이 요령. 다른 제품은 몰라도 TV와 냉장고, 세탁기 등의 필수 가전은 10년 정도 쓸 요량으로 대용량, 고기능 제품을 선택한다.

라이프스타일 고려하기 | 가전제품은 용량과 기능, 디자인에 따라 가격차가 크기 때문에 부부의 라이프스타일을 고려해 선택하는 것이 좋다. 맞벌이 부부라면 가사 분담을 효율적으로 도와줄 가전을 구입할 것. 배우자의 취향, 취미생활에 대한 고려도 필수. 만약 부부가 와인 마니아라면 와인 냉장고를, 요리에 관심이 있다면 가스오븐레인지를 구입하도록 한다.

편리성, 기능성에 초점 맞춘 합리적 구매 | 처음 살림을 마련하는 커플은 다양하고 복잡한 기능이 있는 가전제품에 눈이 가게 마련. 그러나 유혹은 잠시뿐. 신 기능은 사용하지 않게 될 가능성이 높다. 그보다는 정말 필요한 기능만 갖춘 제품을 구입하는 것이 현명하다.

오프라인 모델 확인은 필수 | 홈쇼핑이나 인터넷으로 가전제품을 구입하는 경우가 많은데, 반드시 매장에 나가 성능과 가격을 살펴본 후 해당 모델명과 동일한 제품으로 구매할 것. 디자인이 비슷해도 가격과 성능 면에서 큰 차이가 나서 낭패를 볼 수 있다.

72 혼수 가전 구입 장소

가전제품은 구입 장소에 따라 가격의 차이가 크다. 일반적으로 알려져 있듯이 용산, 종로 등의 전자 전문 상가는 흥정에 따라 가격을 다운시킬 수 있다는 것이 가장 매력적인 요소로 꼽힌다. 그러나 워낙 매장이 많고, 제품도 다양하기 때문에 비교해 보려면 시간과 노력을 많이 들여야 하는 단점이 있다.

백화점은 쾌적한 원스톱 쇼핑이 가능하다는 것이 큰 이점이다. 가격 면에서는 큰 메리트가 없지만 세련된 인테리어와 고급스러운 디스플레이로 시선을 사로잡는 것이 사실. 하이마트, 전자랜드 등의 전자제품 전문점은 혼수로 적당한 제품을 많이 판매하므로 신혼부부들이 이용하기 편리하고 가격도 저렴하다. 다

양한 할인행사와 패키지가 많아 혜택을 많이 받을 수 있지만 제품 품목이 다양하지 못하다는 게 흠. 혼수 가전 시장에서 가장 큰 성장세를 보이고 있는 온라인 쇼핑몰은 같은 모델이라도 쇼핑몰에 따라 가격차가 크고, 할인율도 다르

기 때문에 꼼꼼하게 비교해 보고 구입할 필요가 있다. 단순히 최저가에 현혹되기보다는 사이트의 신뢰성, 할부 수수료, 배송비 등을 따져서 구입하도록 한다. 인터넷의 가장 큰 단점은 눈으로 직접 볼 수 없다는 것. 구입 전 오프라인 매장에서 제품의 색상과 성능을 확인하고, 게시판에 올라온 상품평이나 사용 후기를 읽어보는 것도 한 방법이다.

73 필수 가전 선택 요령

냉장고 & 세탁기 | 신혼부부들이 가장 선호하는 냉장고는 600ℓ 후반급의 홈바를 갖춘 양문형. 맞벌이라면 김치를 포함해 장기간 보관해야 하는 반찬이 많으므로 180ℓ 정도의 중형 김치냉장고를 추가 구입하는 것이 좋다. 세탁기는 은나노와

스팀 드럼 세탁기가 인기. 건조 기능이 포함된 10kg 이상의 상품이 좋다.

영상 가전 | TV는 신혼집 평형에 맞춰 크기를 선택해야 한다. 최근에는 공간 활용도가 높고 화질 수준도 높은 슬림형 브라운관 TV, PDP TV가 대세. 기타 영상 가전으로 DVD 콤보 제품이나 홈시어터를 추가로 구매하면 영화관 같은 화질과 음향을 얻을 수 있다.

주방 가전 | 가스오븐레인지는 제품 활용도와 크기가 부담스러워 인기가 떨어지고 있다. 대신 가스레인지를 많이 선택하고 있는데 종류는 3화 1그릴 제품이 적당하다. 서구식 요리를 많이 할 계획이라면 오븐레인지도 권할 만하다. 식기세척기는 10인용보다는 6인용의 아담한 소형이 신혼부부의 라이프스타일에 알맞다.

생활 가전 | 에어컨은 평형에 따라 적합한 상품을 고르며, 황사가 불기 전 저렴한 가격을 고려해 봄이 오기 전에 구입하는 것도 좋다. 공기정화 기능이 있는 12~15평형 스탠드형 에어컨이 가장 인기가 높다.

반품 쇼핑몰 이용하기

반품 쇼핑몰에서 판매되는 물건들은 온라인에서 제품을 구입한 소비자들의 단순 변심이나 외형상 하자 때문에 반품한 제품들과 매장 전시상품, 재고상품들이다. 생활·주방 가전, 패션 잡화, 컴퓨터, 음향기기 등 판매 품목도 다양해 잘만 찾으면 저렴한 가격에 혼수를 장만할 수 있다. 단순히 할인된 가격만 보고 제품을 선택하는 것은 금물. 게시판 검색을 통해 반품 사유와 제품의 상태, A/S 기간, 제품 정보 등을 꼼꼼히 살펴보고 구입해야 재반품하는 사태를 막을 수 있다. 할인폭이 큰 제품은 하자도 큰 제품임을 명심할 것.

74 혼수 가구 구입을 위한 조언

평수와 구조에 맞게 구입하기 | 가구는 공간을 많이 차지하는 품목이기 때문에 잘못 구입하면 생활공간이 좁아져 애물단지가 되어버리기 십상이다. 침실, 거실, 주방 등 각 공간의 크기, 천장의 높이, 창의 위치, 문의 위치를 확인한 후 구입해야 실수가 없다.

집 안 분위기 생각하기 | 벽지는 로맨틱하게 가구는 모던하게 꾸민다면 제대로 된 인테리어를 생각하기 어렵다. 신혼집 분위기를 정한 후 가구를 구입해야 통일감 있게 꾸밀 수 있다.

신혼집에 어울리는 가구는 따로 있다 | 가구는 밝은 색으로 통일해야 집이 넓어 보인다는 사실. 또한 공간이 넓지 않은 점을 고려해 키가 낮고 다용도로 활용할 수 있는 아이디어 가구를 선택하는 것이 좋다.

기능과 견고성을 갖추었는지 체크한다 | 가구는 무엇보다 단단해야 하고, 효율적으로 수납할 수 있는 구조여야 한다. 내부 손질이 깔끔한지, 마무리 작업은 견고한지, 손잡이나 경첩, 모서리 부분에 흠이 나지 않았는지 꼼꼼히 체크하고, 애프터서비스 여부도 확인한다.

시리즈화가 가능한 제품을 고른다 | 가구는 세트로 장만하는 게 대부분이다. 가격 면에서도 저렴하지만 인테리어 효과까지 노릴 수 있기 때문. 예산이 부족하다면 튀는 컬러나 디자인을 피해 필요한 제품으로 골라 구입하는 것이 좋다.

75 혼수 가구 구입 장소

신혼 가구를 구입하는 채널은 다양하다. 백화점, 가구 전문 브랜드의 대리점, 상설 할인 매장, 가구 거리 등이 대표적인 예. 이 중에서도 가구 거리는 고품격 수입 가구에서부터 저렴한 공장 직영 중소 브랜드에 이르기까지 다양한 제품을 한 자리에서 만나볼 수 있고, 시중가보다 저렴하게 구입할 수 있다는 이점 때문에 신혼부부들이 애용하는 루트다. 가구 전문 단지와 거리를 이용해 혼수 가구를 구입하고자 한다면, 무작정 가구거리로 가는 것보다 백화점이나 대리점, 또는 대형 할인점 등에서 트렌드와 가격대를 점검한 뒤 방문하는 것이 좋다.

가구 거리는 수도권에만 10곳이 넘으니 구입자 자신의 취향과 목적에 맞는 곳을 선택해 집중적으로 조사하는 것이 현명한 방법. 가령 고품격 수입 가구를 저렴하게 구입하기 원하는 신랑신부들은 논현동 가구거리를, 맞춤 가구를 제작하고 싶어 하는 신랑신부는 마석이나 일산

가구거리를 방문하는 것이 좋다. 또 대형가구는 국내 유명 브랜드 제품으로 구입하고 소형 가구는 중소 업체의 세품을 이용하고 싶다면 아현동이나 사당동 가구거리가 적당하다. 일산 가구 공단의 경우에는 공장도 가격의 브랜드 세트 구입, 고양 가구 공단은 중소업체의 개별적 구입, 마석 가구 공단일 경우에는 특히 소파 제품 구입이 효율적이다.

76 가구 품목별 선택 요령

장롱 | 10자 정도의 키큰장 정도가 무난하다. 내부 구조가 단순히 이불장과 옷장으로 구분되어있으면 공간 낭비뿐 아니라 정리 정돈도 어려우므로 양복이나 넥타이, 양말, 기타 생활용품을 구분해 수납할 수 있는 구조로 만들어진 것을 고르는 것이 좋다.

침대 | 편안한 잠자리를 위해서 무엇보다 신경 써야 할 부분은 매트리스. 누웠을 때 몸의 어느 한 부분이 아래로 꺼지지 않고 일직선이 되는 것이 좋다. 침대 너비는 어깨 폭의 2배 반 정도가 좋고 길이는 키보다 약 20㎝ 정도 긴 것이 바람직하다.

소파 | 실제 놓일 장소를 체크하고 미리 배치도를 그려본 다음 선택하도록 한다. 공간의 크기에 따라 1-1-3인용이나 1-2인용 등을 테이블과 함께 놓아 다양하게 구성하면 좀 더 효율적인 공간을 연출할 수 있다.

식탁 & 화장대 | 신혼살림일 경우 비싼 원목보다는 MDF 소재의 저렴한 식탁이 실용적이다. 화장대는 물건을 보관하기 쉽도록 서랍의 내부가 여러 칸으로 나뉘어 있는 것을 고르는 것이 좋고 의자를 화장대 밑으로 넣을 수 있는 스타일을 선택하는 것이 공간 활용 면에서 편리하다.

거실장 & 장식장 | PDP, 홈시어터 등의 대형화된 가전제품을 올릴 수 있으므로 제품의 견고성을 체크해야 한다. 낮고 단순해진 보드형의 패널 구성으로 기능은 단순하고 테이블 개념의 높낮이가 다양한 구성으로 세트화될 전망이다. 그리고 선반이나 문짝이 유리로 된 제품이 많은데 이런 제품의 경우 유리문의 모서리가 너무 날카롭지 않은 것으로 고른다.

77 침구 선택 팁

신혼 침구로 좋은 반응을 얻고 있는 제품은 아무래도 심플한 디자인에 손수로 포인트를 준 제품. 세련된 스트라이프나 화려한 플라워 프린트, 모던한 단색 침구가 단골 아이템이다. 화사한 침실 분위기를 만들어줄 레이스 디테일이나 큐트한

프린트도 예비 커플에게 꾸준히 사랑 받는 디자인. 색상은 파스텔 계열의 퍼플이나 핑크, 아이보리가 강세를 띤다.

침대 커버 | 면이나 물실크 소재로 2벌 정도 구입하는 것이 좋다. 커튼 분위기나 색상, 가구나 벽지 색상 등에 맞춰 질리지 않도록 무난한 컬러와 심플한 디자인을 선택하는 것이 요령. 침구는 몸에 직접 닿을 뿐더러 자주 세탁해야 하는 품목이므로 비싸고 손질이 까다로운 제품보다는 실용적인 제품을 선택하는 것이 현명하다.

한실 이불 | 예단용인 만큼 세심하게 골라야 한다. 전체적으로 염색은 잘됐는지, 자수는 촘촘한지, 바느질 상태와 시접처리는 꼼꼼한지를 확인한다. 침대 생활이 보편화되면서 요·이불세트보나는 실용적인 침대 세트를 준비하는 사람들이 많아졌다.

차렵이불 | 손님이나 시부모님이 오셨을 때 쓰는 차렵이불은 신혼에 맞게 꽃무늬가 화사하게 프린트되어 있는 제품을 많이 선호한다. 얇고 간편하여 봄, 가을용으로 사용한다.

78 그릇 구입

주방용품을 살 때는 친정어머니나 시어머니 혹은 결혼한 친구와 동행하는 것이 좋다. 집 안 살림을 해본 사람과 함께 쇼핑을 해야 꼭 필요한 물품만 살 수 있어 낭비를 최소한으로 줄일 수 있기 때문. 부부 찻잔이나 와인잔 등 간단한 주방용품은 결혼 선물이나 집들이 선물로 많이 받게 되므로 미리 친구에게 귀띔해 두고 구입하지 않아도 된다.

홈세트 | 혼수 그릇의 기본으로 여겨지는 홈세트는 양식기와 한식기를 포함한 제

품으로 하나쯤 구입하는 게 편리하다. 보통 20~30만 원대의 5~8인용이 가장 선호되는 아이템. <u>그릇 수에 연연하기보다는 꼭 필요한 찬기와 다양한 크기의 접시가 포함되어 있는지를 살피는 게 현명한 방법.</u> 색상은 화이트나 아이보리 등의 밝은 톤을 구입하는 게 좋다.

반상기 | 결혼 예단으로 보내는 반상기 세트는 요즘 생략하는 경우가 많지만, 보내야 한다면 3첩 반상기나 5첩 반상기 정도로 간소하게 준비한다.

냄비 | 냄비는 사용하는 횟수도 많고 많은 요리를 조리해야 하므로 바닥을 잘 살펴보아야 한다. 너무 두껍지 않으면서 열전도가 잘되는 제품을 고르는 것이 포인트. 크기가 다른 것으로 3~5개 구입하는데, 저렴하고 가벼운 알루미늄 냄비도 구입해 놓으면 간단한 음식을 조리할 때 편리하게 사용할 수 있다.

79 라이프스타일별 혼수 플랜

맞벌이 부부 | 직장 생활의 피로를 풀고 편히 쉴 수 있도록 침실을 꾸미되 매트리스만큼은 신경 써서 구입한다. 혼수는 로봇 청소기나 식기세척기 등의 노동 절약형 기능성 제품 위주로 선택하고 세탁기와 냉장고는 대용량으로 구입한다.

전업주부 | 주방과 거실에 포인트를 맞춰 혼수를 구입한다. 요리에 관심이 많다면 가스오븐레인지나 조리 기구를 다양하게 준비하고 거실에는 홈시어터 등의 음향 시스템을 갖추어 여유롭게 쉴 수 있는 공간을 마련한다. 공기청정기, 가습기 등의 웰빙 제품이나 틈틈이 운동할 수 있는 운동기구도 하나쯤 마련하는 것도 좋다.

시부모 동거형 | 시부모님과 함께 살더라도 신혼부부를 위한 공간은 필수. 거실과는 별도로 부부 침실에 소형 TV와 미니 컴포넌트 등을 두면 둘만의 오붓한 시간을 마련할 수 있다. 가족 수를 고려해 혼수는 대용량으로 구입하고, 특별히 추가 구입할 물건이 없다 해도 시부모님 장롱이나 침대, 혹은 여행을 보내드리는 등 시부모님을 위한 혼수를 따로 마련한다.

주말 부부 | 나중에 함께 살게 될 경우를 대비해 필요치 않은 품목을 최대한 줄이고, 소형 제품들로 구입한다. 집 안에 머물기보다 외출하기를 좋아하는 커플이라면 운동, 레저용품에 투자해 둘만의 시간을 즐기는 것도 좋다.

80 신혼집 평형에 맞는 혼수 플랜

10평대 | 신혼집 규모가 적은 만큼 모든 품목을 다 갖추기보다는 최소한의 가구와 가전제품으로 공간 활용도를 높이는 것이 포인트. 실내가 넓어 보이도록 키 낮은 소형 가구와 아이디어 수납 가구, 2가지 기능 이상의 다목적 가구를 적극 이용한

백화점 알뜰 이용법

백화점에서 혼수를 구입한다고 하면 '돈 좀 있나 보지'라고 생각하기 쉽지만 따져보면 좋은 물건을 알뜰하게 구입할 수 있는 기회들이 많다. 계절별로 한 번씩 진행되는 정기 세일이나 이벤트, 기획전, 창립기념행사 등의 할인 기간을 이용하면 정상가보다 저렴하게 구입할 수 있다. 또한 고가 혼수를 구매할 때는 5% 할인 혹은 마일리지 혜택이 있는 백화점 카드를 사용하거나 백화점 상품권을 저렴하게 사서 할인율을 높이는 것도 한 방법이다. 금액에 따라 사은품이나 상품권을 주는 사은품 행사도 조건을 따져 현명하게 활용해 볼 것.

다. 가전 역시 기본 기능에 충실한 중저가 제품으로 집 크기에 맞는 사이즈와 용량을 선택한다.

20평대 | 방 2~3개, 거실과 연결되는 주방, 화장실로 구성되는 20평대. 방 하나는 서재 겸 드레스룸으로 꾸며 수납과 기능성을 높이는 것이 좋다. 주방에는 4인용 식탁을 놓아 거실과 공간을 구분한다. TV는 29인치 정도의 완전평면이 적당하지만, LCD TV, 벽걸이형 PDP TV를 선택해도 좋다. 커플이 여가나 취미생활을 함께 즐길 수 있도록 홈시어터나 플레이스테이션 등 개성 있는 혼수품을 구입해도 무방하다.

30평대 | 공간에 여유가 있는 평형이니만큼 대형이면서 외관을 고려한 프리미엄급 가전과 앤티크, 홈바, 붙박이장 등 원하는 분위기의 가구를 선택할 수 있다. 부부의 라이프스타일을 고려해 비용이 좀 들더라도 가사 노동 시간을 줄일 수 있는 실용적인 제품이나 비데, 공기청정기, 연수기 등의 건강을 고려한 웰빙 컨셉트 제품을 선택하는 것이 좋다. 신혼살림이 적으면 썰렁해 보일 수 있으므로 전체 인테리어도 고려해 신중하게 구입한다.

part 11

허니문

wedding planner

11

영화처럼 멋지고 환상적인 신혼여행을 꿈꾸는-가? 한적한 해변의 휴식과 짜릿한 해양 스포츠, 최고급 시설의 리조트와 인기 옵션이 있는 그곳, 한국 신혼부부들을 사로잡은 베스트 해외 여행지 가이드.

81 여행사 선택 포인트

허니문 전문 여행사를 이용한다 | 허니문 상품이 너무 저렴한 가격에 나왔다면 일단 의심하고 봐야 한다. 현지에서 형편없는 서비스를 받게 되거나 가이드의 횡포를 겪을 가능성이 농후하기 때문. 따라서 지나치게 저렴한 상품을 판매하는 여행사는 피하고 허니문을 전문적으로 취급하는 여행사를 선택하도록 한다.

일정표를 꼼꼼히 체크한다 | 허니문 상품을 선택할 때는 식사 포함 여부와 추가비용을 지불하는 옵션은 없는지 꼼꼼하게 확인해야 한다. 또한 기내박 포함 여부 - 4박 5일 일정이라도 기내 1박이 포함되었다면 3박 일정인 셈이다 -, 이용 호텔의 이름과 등급, 제공되는 객실 수준은 명시되어 있는지, 가이드 팁의 포함 여부와 최소 출발 인원, 여행자 보험 가입 등을 확인한 다음 계약서에 사인하도록 한다.

라이프스타일은 상품 선택의 관건 | 한적하고 여유로운 휴식을 좋아하는 커플이 하루

편안한 기내 여행을 위한 정보

기내식 항공권을 예약할 때 미리 요청하면 건강식, 채식 식단, 스파게티, 햄버거 등의 특별 기내식 서비스를 받을 수 있다.

기내 용품 영화와 음악, 신문과 잡지 등이 무료로 제공된다. 장거리 비행의 경우 쾌적한 여행이 되도록 수면 안대와 귀마개, 칫솔, 빗, 로션 등의 편의용품도 구비되어 있다.

오락 프로그램 국내 항공사의 경우 베스트셀러 위주의 도서와 만화가 구비되어 있고 바둑이나 체스를 대여 받을 수 있다. 좌석 모니터를 통해 게임이나 영화도 즐길 수 있다.

메일 서비스 기내엔 항공사 로고가 찍힌 편지지와 봉투, 필기구가 마련되어 있다. 승무원에게 주면 우편요금도 무료.

종일 관광을 다녀야 하는 투어형 상품을 선택한다면 만족스런 신혼여행을 보낼 수 없다. 여유로운 휴양을 선택할 것인지, 액티비티한 레포츠 프로그램이 많은 허니문을 만끽할 것인지, 아니면 볼거리 관광을 즐길 것인지 등 커플의 여행 취향은 허니문 상품을 선택하는 데 있어 중요한 기준 요소가 된다.

82 어느 지역보다, 어느 리조트!

요즘의 허니문 경향을 한마디로 요약하자면 '아름다운 해변이 있는 동남아 지역의 고급 리조트에서 달콤한 휴식을 취하는 것'. 한국 신

혼 여행객의 70~80%가 필리핀, 태국, 인도네시아 등의 동남아를 신혼여행지로 선택하고 있으며, 숙소는 독립된 공간을 보장받을 수 있는 풀 빌라 리조트와 스파, 워터파크 등의 휴양 시스템이 뛰어난 올 인클루시브All-inclusive형 리조트를 선호한다. 여행 프로그램 역시 시내 관광보다는 리조트에서의 휴양과 해양 레포츠, 피로를 풀 수 있는 스파를 선택하는 추세. 허니문을 결정하는 중요 요인이 '어느 나라'로 가느냐에서 '어떤 리조트'로 바뀐 것이다.

이런 경향 탓에 동남아 지역의 리조트들은 독특한 기법의 스파 시설과 서비스에 각별한 신경을 쓰고 있는데 아예 각종 스파 시설을 골고루 이용해 볼 수 있는 테마 여행 프로그램들도 속속 등장하고 있어 스파를 결합한 허니문 상품은 계속 활성화될 전망이다.

신혼여행지의 다변화 역시 눈에 띄는 변화이다. 이미 언급한 것처럼 허니문은 동남아 지역이 가장 큰 인기를 누리고 있지만, 호주, 프랑스와 이탈리아,

지중해 산토리노, 그리스와 터키 등의 남태평양과 유럽 지역도 매년 조금씩 증가하고 있어 새로운 허니문 지역으로서의 가능성을 보여준다.

83 베스트 허니문 | 태국

태국의 해안선은 자그마치 2,614㎞. 방콕을 기준으로 왼쪽 해안선에는 후아힌과 차암, 오른편 해안선에는 코창과 파타야, 남쪽으로 내려오면 푸껫을 비롯한 크라비, 코사무이 등 세계적인 휴양지들이 이어진다. 태국 여행의 시작인 방콕에서는 에메랄드 사원으로 불리는 프라케오를 비롯한 각종 사원들과 상품을 배에 싣고,

물물 교환하는 모습을 볼 수 있는 왓사이 수상 시장을 구경할 수 있다.

후아힌 | 왕실 가족의 여름 휴가지로 유명한 후아힌은 품격 높은 시설을 갖춘 리조트 호텔이 많아 <u>조용하고 럭셔리한 허니문을 즐기기에 적합하다.</u>

푸껫 | 동남아 최대의 휴양지로 꼽히는 푸껫은 석회암 절벽과 숲이 우거진 언덕, 해안가를 따라 이어지는 초특급 리조트들이 장관을

이루는 곳. 영화 촬영지로도 유명한 피피 섬을 비롯해 카오락 국립공원의 열대 다우림 투어, 푸켓 섬의 시골생활을 접해볼 수 있는 사파리 여행 등 다양한 볼거리를 갖추고 있다.

파타야 | 휴양보다는 관광 위주의 해변가. 호랑이 공원, 세계 유명 건축을 축소해 놓은 미니 시암 등의 관광지가 있고, 바다와 넓게 펼쳐진 모래해변 산호섬이 있어 해양 스포츠와 스노클링을 즐길 수 있다.

84 필리핀

우리나라에서 불과 4시간 거리에 있는 필리핀은 에메랄드빛 바다와 럭셔리한 리조트로 휴양형 허니문을 신호하는 커플들에게 긱굉받는 지역. 필리핀에서도 팔라완 제도에 있는 엘니도와 클럽 파라다이스, 클럽 노아 이사벨, 비사얀 제도

의 세부와 보라카이가 대표적인 리조트 관광지로 손꼽는다.

세부 & 보라카이 | 세부는 외국인에게 널리 알려진 대중적인 리조트 아일랜드 가운데 하나. 백사장도 좋지만 섬 전체를 둘러싼 산호초의 매력은 다이버를 매료시키기에 충분하다. 세계 3대 해변으로 꼽히는 보라카이 또한 한국인에게 많이 알려진 섬으로, 7km에 걸쳐 펼쳐진 부드러운 우윳빛 해변은 가히 환상적이다. 바다 외에도 보라카이의 매력은 트라이시클을 타고 섬을 둘러보는 것. 마닐라에서 보라카이까지는 약 50분 소요된다.

팔라완 제도 | 인간의 손이 닿지 않은 천연 그대로의 해상 절경이 보존된 곳, 팔라완은 누구에게도 방해받지 않고 신혼의 달콤한 휴식을 즐기려는 커플에게 더없

이 좋은 곳. 이곳에는 북부의 엘니도와 부수앙가, 그리고 남쪽 아풀릿 섬의 클럽 노아 이사벨 리조트 등 신혼여행지로 각광 받는 유명 리조트가 여럿 있다. 바닷가에서는 각종 해양 스포츠를 즐길 수 있으며 아프리카식 사파리를 경험할 수 있는 칼라위트 섬도 멀지 않은 곳에 위치해 있다.

85 인도네시아 | 발리, 롬복, 빈탄

1만 7,500여 개의 섬으로 이루어진 세계 최대의 섬나라 인도네시아. 이곳에는 신들의 섬이라 불리는 발리, 인도네시아의 숨겨진 보석 롬복, 허니문 베스트셀러 지역인 빈탄 등 특색 있는 섬들을 만날 수 있다.

발리 | 숙소 내에 수영장이 딸려있는 풀 빌라. 둘만의 완벽한 사생활이 보장되는 덕에 신혼여행객들에게 인기가 높은데, 발리에는 이러한 풀 빌라를 갖춘 호화 리조트가 많다. 밖으로 나가면 원시림과 원주민의 살아 숨쉬는 토속 문화를 즐길 수 있다. 대개는 리조트 안에서 일정을 보내지만 발리 관광을 하는 상품도 있으니 취향에 맞춰 선택할 것.

빈탄 | 싱가포르 정부가 투자해 만든 인도네시아의 지중해풍 리조트 섬. 열대 해변의 낭만적인 휴식과 싱가포르의 시내관광을 동시에 즐길 수 있는 게 장점이다. 싱가포르에서 페리를 타고 40분 안팎이면 도착할 수 있다.

롬복 | 좋은 시설의 리조트와 이국적인 바다를 구비한 조용한 시골 휴양지. 롬복의 어에, 메노, 트라와 간의 세 섬은 스쿠버다이빙과 스노클링을 하기에 안성맞춤인 산호초암과 황금 해변으로 유명한 곳. 북서해안을 따라 보트 일주도 즐길 수 있다.

86 유럽

유럽권 허니문의 일정은 대략 6일에서 10일까지로 프랑스, 스위스, 이탈리아 등 3개국 중점 코스로 구성되는 것이 보편적이다. 상품 가격은 대체로 170만 원에서 260만 원대이지

만 식사가 포함되지 않는 상품이 많아 현지 추가 지출이 매우 많다는 점을 감안해야 한다.

프랑스 | 유럽을 목적지로 하는 허니문 상품의 대부분은 프랑스 파리를 기점으로 이루어진다. 파리에서 관광 계획을 세울 때는 에펠탑이나 루브르, 노트르담 사원 등을 중심으로 주위를 조금씩 넓혀나가되, 초저녁에는 젊은이들이 많이 모이는 퐁피두 문화 센터, 몽마르트르 언덕을, 그리고 밤 시간대에는 센 강 유람선과 샹젤리제를 보고 쇼핑가나 패션 거리 위주로 관광을 즐기는 것이 좋다.

스위스 | 프랑스와 연계해 유럽 허니문 여행지로 가장 각광을 받고 있는 나라는 스위스다. 사계절 내내 관광객이 모여드는 인터라켄은 메인 스트리트에 호텔과 상점, 카지노가 있는 도회적인 분위기인데 특히 표고 1,967m에 위치한 전망대에서 융프라우, 아이거, 묀흐 등 3대 산을 한꺼번에 감상할 수 있다.

이탈리아 | 프랑스, 영국과 함께 가장 많이 찾는 나라인 이탈리아. 찬란했던 로마 시대의 역사적 가치 외에도 음악, 패션, 건축 등 전 예술 문화 부문을 망라한 볼거리, 먹을거리가 가득해 젊은 여행객들의 욕심을 충분히 채울 수 있다.

87 괌, 사이판

직항 항공편이 매일 출발하기 때문에 접근성이 용이하고 서울에서 4시간이면 도착한다는 이점이 있는 곳. 남태평양 최고의 휴양지인 괌, 사이판은 리조트 시설과 각종 편의시설이 완벽하게 조성되어 있어 신혼여행지로 확실히 자리 잡고 있다. 괌, 사이판은 동남아보다 상품 가격은 비싸지만 소비자 취향에 따라 선택할 수 있는 호텔, 리조트가 다양하고, 관광지 옵션, 쇼핑 강요 등이 없어 인기를 끌고 있다.

괌 | 규모가 작으면서도 아름다운 해변, 깎아지른 절벽, 맑은 바다와 열대어 등 남국에서 느낄 수 있는 모든 분위기가 느껴지는 곳. 레포츠와 휴식을 한 곳에서 취할 수 있는 복합 리조트 시설이 잘 갖추어져 있다. 시내 관광은 물론 스킨 스쿠버, 다이빙, 정글비치, 샌드캐슬쇼, PIC 디너쇼 등을 즐길 수 있다.

사이판 | 괌이 관광과 휴양이 합쳐진 곳이라면 산호초로 이루어진 사이판은 휴양쪽에 더 가깝다. 사이판에는 우리나라와 관련 있는 유적지가 많다. 일본군의 남

항공사 마일리지 적립

항공 마일리지를 효과적으로 적립하려면 항공사 제휴 신용 카드를 쓰는 것이 좋다. 아파트 관리비나 전화요금, 휴대폰 요금 등을 신용카드로 자동이체하고, 1만 원 내외의 소액을 비롯한 각종 혼수 대금을 신용카드로 결제하는 등 카드결제를 생활화하도록 한다. 카드 이용 대금 1000만 원 정도면 국내 왕복 항공권을 받을 수 있다. 마일리지가 부족하다면 포인트 교환 사이트에서 이동통신 포인트나 유통업체 포인트를 항공 마일리지로 바꿀 수 있고 부모, 자녀, 배우자, 조부모 등의 마일리지를 합쳐 사용할 수도 있다.

태평양 야전 사령부와 제2차 세계대전 막바지에 일본인들이 포로가 되지 않기 위해 목숨을 버린 만세 절벽 등이 있다. 이들을 위해 마련된 한국인 위령 평화탑과 동굴 요새, 새 섬, 사마나카하 섬, 티니안 섬 등도 둘러볼 만하다.

88 면세점 두 배 활용법

오프라인보다 싸다! 인터넷 면세점 | 온라인 면세점은 쇼핑이 용이한데다, 마일리지 적립이나 비정기 특가 등의 할인 혜택, 사은품 증정 등의 이벤트를 수시로 진행하고, 세일 기간이 아닐 때는 오프라인보다 15~20%까지 할인받을 수 있다.

세일과 VIP 카드, 할인 쿠폰 최대한 이용 | 국내 면세점은 보통 1년에 6~8회, 두 달에 한번 꼴로 바겐세일을 실시한다. 세일 기간이 아닐 때는 VIP 카드나 할인 쿠폰을 활용하도록 한다. 5~15% 할인은 기본이고 항공 마일리지 적립, 세일가에 5~10% 추가 할인, 호텔 면세점의 경우 허니문 패키지나 객실 이용료를 할인 받는 등 혜택이 무궁무진하다.

술, 향수, 화장품은 기내 면세점이 가장 저렴 | 기내 면세점은 다양한 상품을 접할 수는 없지만 일반 면세점보다 저렴한 편. 비행기 좌석에 비치된 카탈로그를 보고 주문하면 되는데, 뒷좌석이면 물건이 동이 날 수 있으니 출국 시 사전 주문을 하는 것이 좋다.

동선거리와 시간에 주의해 공항 면세점 이용 | 공항 면세점을 이용한다면 체크인 시간을 앞당기는 게 관건. 항공사 카운터는 보통 비행기 출발 두 시간 전에 오픈 하는데, 부탁하면 한 시간 정도는 일찍 들어갈 수 있다. 가끔 면세점 쇼핑에 시간 가

는 줄 모르고 있다가 비행기를 놓치는 상황도 발생한다니 비행기를 타게 될 게이트의 위치를 미리 파악해 두도록 한다.

89 신혼여행 가방 속 준비물

여행 짐 싸기의 기본 원칙은 적을수록 좋다는 것. 그렇다고 명색이 신혼여행인데 티셔츠와 반바지만 달랑 챙겨 갈 수는 없는 일. 가볍고 넉넉하게, 신혼여행지 스타일에 꼭 맞는 여행 가방을 꾸려보자. 가방은 비행기에 부칠 수 있는 큰 캐리어와 현금이나 여권 등의 주요 물품을 넣고 다닐 수 있는 작은 가방을 각각 1개씩 준비한다. 돌아올 때 선물을 사올 계획이라면, 넉넉한 사이즈의 큰 가방에 여유 있게 짐을 꾸리는 게 좋다.

4박 5일에서 길어야 1주일 정도 되는 신혼여행임을 감안해 옷은 적당하게 준비한다. 열대지방으로 갈 때는 반소매 티셔츠와 반바지, 원피스, 샌들 등으로 가벼운 옷차림을 연출하고 디너쇼나 우아한 레스토랑의 저녁식사에 대비해 남성도 깃이 달린 셔츠와 넥타이를 준비하는 것이 좋다. 더운 나라일수록 에어컨 때문에 추울 수 있으므로 긴소매의 얇은 카디건과 스카프도 여벌로 준비할 것.

이외에 간단한 구급약이나 1회용 밴드, 생리대, 피임용품, 식염수, 빨랫감을 정리할 수 있는 비닐백을 챙겨간다. 해양 스포츠를 즐길 예정이라면 비치 샌들, 선글라스, 모자, 자외선 차단제와 진정 크림은 필수품! 비누나 샴푸, 수건, 헤어드라이어는 호텔에 비치되어 있는 경우가 많으므로 제외하고, 칫솔이나 치약, 면도기, 빗 등을 준비해 간다.

웨딩 데이

혼수 준비며 예단이며 머리 아픈 상황은 끝. 이제 웨딩마치에 맞춰 결혼식 올리는 일만 남았다. 그러나 아직 긴장을 풀지 말 것. 예식 당일 당황한 나머지 실수를 하는 경우도 많다. 완벽한 D-Day를 위한 꼼꼼 체크 플래닝.

90 예식 순서 명심하기

1 화촉점화 | 신랑 측 어머니는 파란색, 신부 측 어머니는 빨간색 초에 불을 붙이고 강단을 내려온다.

2 주례 등단 | 사회자의 유도에 따라 주례자가 입장한다.

3 신랑 입장 & 신부 입장 | 신랑이 먼저 주례단 앞으로 걸어 나간다. 주례 선생님께 목례하고 내빈을 향해 왼쪽으로 서서 신부를 맞이할 준비를 한다. 신랑은 신부가 단 가까이 오면 내려가 신부의 인도자에게 인사하고 신부를 인계받는다. 하객석을 기준으로 신랑은 오른쪽, 신부는 왼쪽에 선다.

4 신랑신부 맞절 | 신랑과 신부는 서로 마주 보고 허리를 45도 각도로 굽혀 인사한다.

5 혼인 서약 & 성혼 선언 | 서약과 함께 반지를 교환한다. 두 사람이 혼인을 서약함으로써 주례자는 혼인이 원만히 성사되었음을 알리는 선언문을 낭독하게 된다.

6 주례사 | 사회자가 주례자에 대한 간단한 소개와 함께 주례사를 부탁한다. 축시, 축하연주 등의 결혼을 축하하는 특별 행사가 준비되어 있다면 주례사가 끝난 다음에 하는 것이 좋다.

7 신랑신부 인사 | 양가 부모님께 차례로 인사한 후, 축하객을 향해 감사의 인사를 전한다.

8 신랑신부 행진 & 폐식 선언 | 신랑과 신부가 퇴장하고 나면, 사회자는 예식이 끝났음을 알리고 하객들에게 신랑과 신부를 대신해 감사의 말을 전하고, 이후 피로연에 대한 안내를 곁들인다.

91 예식 당일 신랑신부 할 일

아침 식사하기 | 신부가 미용실에 가야 하는 시간은 늦어도 결혼식 4시간 전. 하루 종일 분주하게 움직여야 하고 시간적, 심리적 여유가 없으므로 아침식사는 든든히 해둔다.

식장 도착 | 뷰티 숍에서 헤어 & 메이크업을 마치면 수정 메이크업 도구를 챙겨 예식장으로 출발한다. 교통 혼잡을 고려해 1시간 정도의 여유를 두고 식장까지 움직인다.

주례 및 도우미 확인 | 결혼식장에 도착하면 사회자와 주례, 사진 기사, 축가 연주자 등 결혼식 진행에 없어서는 안 될 도우미들이 도착했는지, 웨딩 카와 폐백 음식은 잘 준비되었는지 확인한다. 사회자와는 예식 순서와 내용에 대해 미리 상의한다.

하객 맞이 | 신부는 각종 수고비와 귀중품이 든 가방, 한복, 신혼여행 가방 등을 도우미에게 인계하고 대기실에 다소곳이 앉아 친지와 친구들의 축하인사를 받는다. 신랑은 식장 앞에서 축하하러 온 하객들에게 정중히 인사하는 것으로 고마움을 표시한다.

감사 인사 | 식후에는 멀리서 와준 친구와 친지들을 위해 교통비를 챙기고, 주례 선생님과 도우미에게도 사례금을 전한다. 결혼식의 모든 순서가 완전히 끝나고 신혼여행을 떠나기 전에는 양가 부모님께 전화를 올려야 한다. "큰일 치르시느라 고생하셨죠? 잘 다녀오겠습니다"라는 간단한 말 한 마디는 부모님의 사랑에 대한 작은 보답이 된다.

92 주례, 사회자, 도우미 할 일

신부 도우미 | 신부에게 걸려온 전화를 대신 받는 일에서부터 소지품 관리, 신부 대기실을 방문하는 친구들을 안내하고 사진을 찍어 주는 등 미용실에서부터 예식이 끝날 때까지 신부가 불편하지 않게 소소한 일을 맡아서 처리해 준다.

신랑 도우미 | 신혼여행 가방이나 결혼 한복 등 신랑의 짐을 챙기고, 예식 후 뒤풀이 장소와 공항까지의 이동을 돕는다.

축의금 접수자 | 결혼식 1시간 전에 예식장에 도착해 데스크에 방명록과 필기도구가 충분한지 확인하고 여분의 봉투를 준비해 둔다. 봉투는 방명록의 일련번호와 일치하도록 정리하고, 금액을 확인해 봉투 겉면에 기록한다.

사회자 | 결혼식 진행 순서와 주례 선생님의 약력을 확인해 둔다. 예식장마다 식순이 조금씩 다를 수 있고 식 중간에 축가나 연주 같은 이벤트가 추가되는 경우도 있기 때문.

주례 도우미 | 어렵게 모신 주례 선생님이 불편하지 않도록 식장까지 모셔 오고 식사도 함께하고, 식후 집까지 모셔다드리는 도우미를 섭외해 놓는 것이 좋다.

피로연 도우미 | 피로연 음식값을 어떤 방법으로 계산하기로 했는지 알아본다. 음료의 가격을 별도로 지급하게 되었을 경우, 미리 식음료 개수를 세어두고, 식권의 양을 계산해 하객들이 불편을 겪지 않도록 한다.

93 혼주 역할

하객 맞이 | 늦어도 결혼식 30분 전에는 하객을 맞는 것이 예의. 교통 체증과 그 밖의 소소한 사고들을 감안했을 때, 결혼식 한 시간 전에 도착한다는 생각으로 움직이면 안전하다.

신부 격려 | 결혼식에 대한 부담감으로 잔뜩 긴장해 있을 딸 또는 예비 며느리에게 따뜻한 축복의 말을 건네는 센스를 발휘하자. 하객 맞이 전 신부 대기실에 잠시 들르도록.

음식 준비 | 지방에서 친지들이 관광버스 편으로 이동할 경우, 도시락이나 간식거리, 음료를 충분히 챙겨 소홀함이 없도록 한다. 자녀의 결혼을 축하하기 위해 먼 길을 마다하지 않고 오는 분들이니만큼 좌우선으로 접대하고 배려하도록 한다.

화촉 밝히기 | 양가 어머님이 초에 불을 밝히며 입장하는 과정은 어두움을 밝혀 자녀의 행복을 빌어주는 의미를 담고 있다. 화촉을 밝히고 자리에 앉을 때는 서로 간단한 목례를 하는 것이 좋다.

감정 조절 | 결혼식이 시작되면 부모님들은 온화한 미소를 띠며 혼주석에 앉아있으면 된다. 이때 한 가지 주의할 점은 신랑신부가 양가 부모님께 감사 인사할 때, 신부 측 어머니가 과도하게 울면 하객이나 상대 부모가 오해할 수 있으니 조심해야 한다는 것.

감사 인사 | 결혼식이 끝나면 기념 촬영 후 폐백실로 이동한다. 폐백 후에는 관광버스로 온 지방 친지들이 돌아가는 것까지 확인하고, 예식 다음 날은 가까운 친지나 하객들에게 한 번 더 감사의 인사를 전하도록 한다.

94 예식을 흥겹게 만드는 이벤트

결혼식을 흥거운 축제의 자리로 만들고 싶다면 일단 '평범함'으로부터 탈피하는 용기가 필요하다. 결혼식은 반드시 이런 형식으로 치러져야 한다는 정석이 없다는 사실을 기억하자.

일단 가장 손쉽게 접근할 수 있는 방법은 다큐멘터리 영상물을 만들거나 식장 입구를 사진 갤러리처럼 꾸미는 것. 신랑신부의 성장 과정을 보여주는 사진, 결혼식 리허설 촬영 사진을 엮어 하객들에게 보여주는 것으로 신랑신부의 개인적인 모습을 보는 재미를 더해준다. 편지 낭독도 이런 종류의 이벤트에 속하는데, 부모님과 배우자에 대한 사랑만 고백하는 형식은 자칫 밋밋한 감을 줄 수 있으니 결혼생활에 임하는 자세를 일목요연하게 정리해 '결혼생활에 대한 생활 수칙' 같은 것을 낭독하는 것도 좋다.

결혼식 진행 방법을 달리하는 방법도 생각해 볼 수 있다. 지루한 주례사 대신 하객들이 직접 결혼 축하 메시지를 전하는 순서를 마련한다든지, 사회자를 2명으로 선정, 방송의 연말 시상식처럼 남녀 사회자가 말을 주고받으며 결혼식을 진행하는 것도 결혼식에 흥미와 감동을 더할 수 있을 것이다. 신세대 커플이라면 좀 더 파격적인 방법을 시도해도 좋을 듯. 결혼식 음악을 지루한 클래식 대신 클럽 분위기가 느껴지도록 재즈 음악으로 선정한다든가, 트로트 가요를 축가로 불러 어른들이 많은 하객들을 즐겁게 해 주는 것도 방법이다. 또한 피로연 음식으로 포춘 쿠키를 준비해 색다른 재미를 더하는 방법도 있다.

95 예식을 특별하게 만드는 이벤트

'환상적이고 특별한' 결혼식은 모든 신부의
꿈이지만 비용과 각종 현실적인 여건 때문에
포기하는 경우가 많다. 그렇지만 적은 비용
과 노력으로도 비교적 손쉽게 결혼식 분위기
를 바꾸는 방법이 없는 것은 아니다. 친척 중
5~6세가량 되는 아이들을 화동으로 세우거
나 작지만 정성스러운 답례품을 감사 카드와
함께 증정하거나 혹은 친한 친구들이 장미꽃
을 한 송이씩 전달하며 축가를 불러주면 한

층 특별한 결혼식을 연출할 수 있다. 하객 수가 직다면 긱긱의 자리에 네임 카드
를 순비해 하객늘을 위한 정성스러운 마음을 표현하는 것이 좋고, 테이블을 플라
워 데커레이션으로 장식하는 것도 아름답다. 성당이나 교회 예식이라면 베일을
신랑이 넘겨줌으로써 성스러움과 순결한 이미지를 극대화시키는 것도 좋은 방법
이다.

　　　　요즘은 서울 근교의 교회에서 가족과 소수의 친구만 초대해 소중하고 뜻
깊은 예식을 하는 경우도 점차 늘고 있다. 이때 약간의 비용을 감수하더라도 들
러리를 세우면 신랑신부가 더 돋보이는 효과를 얻을 수 있다. 이외 친지나 친구
들이 축히 메시지를 전히거나 축히 연주와 함께 축시를 낭송히는 것도 매우 뜻
깊은 시간이 될 수 있으며 피로연에 연주되는 곡들을 신랑신부 둘만의 추억이 담
긴 곡으로 선곡하는 것도 낭만적인 피로연을 연출한다.

신혼여행에서 돌아오면 정리하고 챙겨야 하는 일이 한두 가지가 아니다. 이때 자칫 소홀하면 주변 사람들에게 큰 결례를 범할 수 있으니 꼼꼼한 계획을 세워 실천하는 것이 좋다. 결혼식 후 한 달 안에 처리해야 할 사항에 관해 알아보자.

96 신혼여행 후 인사하기

신혼여행의 여독이 풀리지 않아 피곤한 상태일지라도 양가 어른들께 인사드리는 걸 잊어버려선 안 된다. 신랑신부의 소식을 기다리는 양가 부모님께 안부 전화를 드리고 신부 집을 먼저 방문한다. 신부 집에서 하룻밤 묵은 후 다음날 오후쯤 신랑 집으로 가는 게 관례. 시댁 방문 시 빼놓을 수 없는 것이 이바지 음식이다. 정성껏 준비하되 지나치지 않는 선에서 예쁘게 포장해서 드리도록 한다. 양가에 인사드리러 갈 때는 한복을 입는 것이 좋고, 밝고 명랑한 모습을 유지해 양가 어른들의 마음을 안심시키도록 한다.

　　양가 방문이 끝났다면 친지와 결혼식에 도움을 준 분들께 감사 인사를 전할 차례다. 인사를 차일피일 미루다 보면 때를 놓치기 십상이므로 여행에서 돌아오자마자 연락하는 게 가장 좋다. 큰댁, 작은댁, 고모, 시누이집 등 손위 친척과 오촌 정도의 가까운 친척은 찾아뵙는 것이 예의.

만약 시간이 여의치 않을 경우라면 전화나 감사 카드로 대신해도 된다. 주례 선생님은 특히 최대한 예의를 갖춰 인사를 드려야 하는데, 직접 찾아뵙고 결혼 생활에 대한 조언도 들으며 신혼여행지에서 준비한 선물을 전달한다. 신랑신부의 친구들에게도 연락을 취해 대강의 집들이 날짜를 알리고 고마운 마음을 전달하도록 한다.

97 결혼 후 각종 서류 정리

혼인 신고 | 법적인 부부로 인정받는 절차인 혼인신고. 혼인신고에는 각각의 호적등본 2통, 주민등록등본 2통, 도장이 필요한데, 부부 중 한 사람만 가도 된다. 거

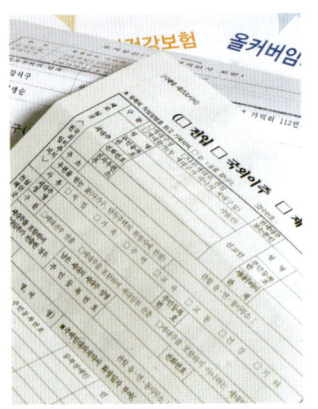

주 관할 구청에 비치되어 있는 혼인신고 용지에 기재사항을 기록하고, 증인란에는 신랑 신부를 제외한 법적 성인 2명의 서명날인을 받아 신랑의 본적지나 주소지에 신고한다. 신고 기간에 제한은 없고 도장 대신 서명으로 해도 무방하다.

각종 서류상의 주소지 변경 | 각종 공과금 관련 주소지 변경을 미루면 자칫 연체금을 물 수 있으므로 주소 변경은 되도록 빨리 하는 것이 좋다. 각종 보험, 신용카드 등은 해당 회사에 전화를 걸어 주소 변경을 하고 전기, 가스, 상하수도세 등의 고지서 변경은 관할 사무소로 전화한다. 자동차 주소 변경은 거주하는 곳의 동사무소에서 차고증명서, 검증표, 주민등록등본, 인감을 제출하고 지역 번호판을 교부받는다.

전출·입 신고 | 전세금을 보장받을 수 있는 전입신고는 집 계약이 끝나고 바로 하거나 이사 후 14일 이내에 해야 한다. 전입신고를 해야만 법률상 동거인으로 의료보험 혜택을 받을 수 있다. 신고는 분가신고서와 인감을 가지고 동사무소에서 하면 된다. 이때 연금, 면허증 주소 변경, 주민등록증 주소 변경, 인감등록도 함께 해 두면 좋다.

98 신혼 생활을 위해 체크할 것들

집 안 시설 체크 | 새 보금자리는 아무래도 낯설기 때문에 꼼꼼히 체크하고 불편한 사항은 고치는 것이 좋다. 아직 자리를 잡지 못한 가전, 가구들을 재배치하고 전기나 가스 시설, 배수구의 위치를 파악해 미리 점검해 두면 예상치 못한 사고를 미연에 방지할 수 있다.

살림살이 추가 구입 | 아무리 혼수를 빠짐없이 꼼꼼히 준비했다 해도 생활하다 보면 필요한 물건이 생기게 마련. 빠진 물건들은 발견할 때마다 체크해 두었다가 시간을 내어 구입하면 된다.

집들이 계획 | 손님 초대는 제대로 계획을 짜서 해야 후회가 없다. 함께 초대해도 어색하지 않은 사람들끼리 분류해서 그룹을 만든 후 초대하면 집들이 횟수를 줄일 수 있다.

결혼 앨범 정리 | 결혼식 준비부터 신혼여행까지의 사진이 수북이 쌓여있을 것이다. 부부가 함께 사진을 정리하면 그때의 추억이 되살아날 뿐만 아니라 집들이 때 손님들에게 보여주기 좋다. 스튜디오 촬영 앨범은 미리 연락해서 완성 날짜를 정한 후 찾아오면 된다.

둘만의 시간 갖기 | 이제 차분하고 안정된 일상으로 돌아가야 한다. 서로 대화의 시간을 충분히 가져 지금까지 다르게 살아온 날에 대해 서로의 이야기를 듣고 이해하며 절충해 나가려는 마인드를 가져야 한다. 또한 양가의 기념일들을 달력에 표시해 두어 잊지 않도록 한다.

99 결혼 후 호칭법

남편 & 시부모 호칭 | 신부가 결혼 후 가장 실수하기 쉬운 부분이 호칭. 시부모님이나 시댁 식구 앞에서 남편을 '자기' 혹은 '오빠'라고 불렀다간 예의범절도 모르는 신부로 찍히기 십상. 시부모님 앞에서는 '그이' 또는 '이 사람', '저 사람' 등이 적당하다. 시부모님은 '아버님', '어머님'이라고 부르는 것이 좋다.

남편의 형제 호칭 | 남편의 형을 시댁 식구에게 말할 때는 '아주버님', 친정 식구나

신부가 알아야 할 호칭	신랑이 알아야 할 호칭
신랑의 아버지 아버님	**신부의 아버지** 장인어른, 아버님
신랑의 어머니 어머니	**신부의 어머니** 장모님, 어머님
신랑의 형님 아주버님	**신부의 오빠** 형님
신랑 형의 아내 형님	**신부 오빠의 아내** 아주머니
신랑의 남동생 미혼일 때 도련님	**신부의 남동생** 처남
기혼일 때 서방님	**신부 남동생의 아내** 처남댁
신랑 남동생의 아내 동서	**신부의 언니** 처형
신랑의 누나 형님	**신부 언니의 남편** 형님
신랑의 누이 아가씨	**신부의 여동생** 처제
신랑 누나/누이의 남편 서방님	**신부 여동생의 남편** 동서

타인에게는 '시아주버님'이라고 하고 아주버님의 부인은 '형님'이라고 부르되, 친정이나 타인에게는 '큰동서'라고 하면 된다. 또 남편 남동생이 결혼을 하지 않았다면 '도련님', 결혼을 하면 '서방님'으로 부르고 친정이나 타인에게 말할 때는 '시동생'이라고 한다. 시동생의 부인에게는 '동서'라고 부르면 된다. 남편의 누나를 시댁 식구에게 말할 때는 '형님', 친정이나 타인에게는 '시누이'라고 부르면 된다. 또 그녀의 남편은 지역 이름을 붙여 'ㅇㅇ서방님' 'ㅇㅇ고모부'라고 하면 된다.

100 신혼부부의 재테크

경제 목표 정하기 | 부자가 되는 첫째 조건이 부부 금슬이라는 얘기가 있다. 목돈 마련과 내 집 장만, 자녀 양육비와 교육비, 그리고 노후 자금 마련 등 분명하고 구체적인 재테크 계획을 세워야 한다. 이때 부부 상호간의 재정 상태가 투명하게 공개되어야 하는 것은 기본. 빚을 감추고 있다면 장기적인 재테크 플랜은 애초부터 불가능하다.

급여 통장 하나로 통일 | 많은 부부들이 급여 통장을 각각 관리하는데, 이는 부부 존중의 의미로 받아들일 수 있으나, 재테크 면에서 보면 실속 0%다. 수입을 한 곳으로 모아 공동으로 관리하고, 공동 가계부를 작성해야 돈이 새나가는 것을 막을 수 있다.

주 거래 은행 만들기 | 급여 이체와 신용카드발급을 한 은행에 집중하고 각종 공과금은 하나의 계좌로 집중하는 것이 좋다. 단골고객으로 지정되면 은행 거래 시

발생하는 각종 수수료 감면, 마이너스 대출, 대출 금리 감면 등의 혜택을 받을 수 있어 유리하다.

수입의 50% 이상 저축 | 자녀가 태어나면 지출이 크게 늘어날 수밖에 없고 재테크 전략에 적지 않은 악영향을 가져온다. 아이를 갖기 선에는 수입의 60%를, 출산 후에도 50%까지는 저축해야 종자돈을 모을 수 있다.

내 집 마련을 위한 청약 통장 | 내 집 마련에 도전하는 신혼부부에게 청약 통장은 필수. 2년 후 불입액이 300만 원 이상이 되면 전용면적 25.7평 이하의 아파트를 청약할 수 있다.

101 행복한 결혼 생활을 위한 생활 수칙

이해심이 키워드 | 신혼생활에 가장 어려운 점이 있다면 단연 '서로의 생활 패턴 맞춰주기'이다. 대부분은 양보와 타협, 이해로 문제를 해결하려 하지만 문제는 좀처럼 풀리지 않는다. 상대방을 이해하고, 끊임없이 대화의 창을 여는 노력이야 말로 행복한 결혼 생활을 위한 열쇠라는 사실을 기억하자. 대세에 지장 없는 사소한 문제 때문이라면 그냥 넘어간다.

가사 분담 | 맞벌이 아내의 가사 분담 스트레스는 상상을 초월한다. 미국의 한 연구 보고서에 의하면 맞벌이 부부가 스트레스를 가장 적게 받는 가사 분담률이 45.8%라고 한다. 하지만 가사 일은 경중을 따지거나 시간을 공평하게 나눌 수 없는 애매한 경우가 많다. 서로 잘할 수 있는 일이나 자신 있는 일을 중심으로 가사를 분담하는 것이 좋다.

시댁과 친정은 평등하게 | 집안 대소사를 아내에게만 맡기는 것은 전근대적이고 이기적인 발상이다. 또한 아내가 시댁에 신경 쓰는 만큼 남편도 처가 일에 신경 쓰는 모습을 보이도록 한다.

섹스 트러블 | 성에 대한 지식이나 경험의 차이로 신혼 초 심심찮게 겪는 문제가 섹스 트러블이다. 부부 생활에서 중요한 비중을 차지하는 부분이니만큼 솔직하게 털어놓고 이야기하는 것이 좋다. 민감한 사안이므로 불만부터 털어놓기보다는, 배우자에게 칭찬과 고마움을 먼저 표현할 줄 아는 센스가 필요하다.

부부 공동 명의

부부가 공동으로 구입한 토지나 건물에 대해서 공동으로 명의를 해놓는 것이다. 공동명의로 되어 있으면 배우자의 동의 없이는 부동산을 담보로 제공할 수 없다. 때문에 경제 위기 상황이나 도박 등으로 부동산을 담보로 제공할 수 없다. 공동 명의 등록 절차는 의외로 간단하다. 부동산을 구입했을 경우 각종 서류 중 '매수인'란과 '등기권리자'란에 부부 두 사람의 인적사항을 각각 기재하면 된다. 특별히 더 구비할 서류는 없고 추가 비용도 들지 않는다. 단, 아파트를 분양받아 등기를 해야 하는 경우는 분양회사와의 합의가 있어야 하므로 절차가 번거롭다.

index

웨딩 플래너

wedding planner

프로페셔널 웨딩컨설팅, 더웨딩컴퍼니

국내 대표적인 웨딩 전문지 〈마이웨딩〉 기자와 〈웨딩 21〉 편집장 출신의 플래너가 운영하는 곳이다. 지면을 통해 신랑신부의 결혼 준비를 도와주었던 노하우를 바탕으로 현장에서 신랑신부들과 만나 정확하고 합리적인 정보를 제공하며, 결혼 준비의 가이드 라인을 제시한다.

더웨딩컴퍼니는 화려한 결혼보다는 품격 있는 결혼을 연출하는 데 주력한다. 배려와 정성을 더해 가치를 높이는 방법, 작은 아이디어를 통해 행복을 배가시키며 안목이 더해진 상품 선택으로 결혼의 만족도를 높여준다. 기자 출신의 전문성 있는 플래너는 고객의 취향과 예산, 라이프스타일에 꼭 맞는 상품을 골라주는 셀렉터의 역할에 충실하며, 프라이빗한 파티 웨딩이나 하우스 웨딩 등 차별화된 웨딩 세러머니 연출에 탁월함을 발휘한다.

02-541-6424 www.theweddingcompany.co.kr